物联网物理层智能认证方法研究

李靖超　应雨龙　王申华　著

科学出版社

北京

内 容 简 介

本书主要涉及物联网物理层认证方法研究，针对通信信号调制方式识别，提出了基于熵和 Holder 系数的通信调制信号特征提取算法、基于云模型的通信调制信号二次特征提取算法、基于分形理论的通信调制信号特征提取算法；针对通信辐射源个体指纹识别，提出了基于瞬态信号的通信辐射源个体识别方法、基于积分双谱的通信辐射源个体识别方法、基于功率谱密度的通信辐射源个体识别方法、基于射频信号基因的物联网物理层多级智能认证方法、基于等势星球图的通信辐射源个体识别方法、基于深度复数卷积神经网络的通信辐射源个体识别方法、基于深度学习的大规模现实无线电信号识别研究。

本书可作为信息通信、网络安全、物联网等领域的高校教师、研究生和相关科研人员进行学习和科研的参考用书。

图书在版编目（CIP）数据

物联网物理层智能认证方法研究 / 李靖超，应雨龙，王申华著. —北京：
科学出版社，2023.3
　ISBN 978-7-03-075169-0

　Ⅰ. ①物…　Ⅱ. ①李…　②应…　③王…　Ⅲ. ①物联网—安全认证
Ⅳ. ①TP393.4　②TP18

中国国家版本馆 CIP 数据核字（2023）第 045874 号

责任编辑：王喜军　高慧元 / 责任校对：崔向琳
责任印制：吴兆东 / 封面设计：无极书装

科 学 出 版 社 出版
北京东黄城根北街 16 号
邮政编码：100717
http://www.sciencep.com

北京厚诚则铭印刷科技有限公司印刷
科学出版社发行　各地新华书店经销

*

2023 年 3 月第 一 版　　开本：720 × 1000　1/16
2024 年 9 月第三次印刷　　印张：14 1/4
字数：287 000

定价：128.00 元
（如有印装质量问题，我社负责调换）

前　言

　　信息安全是构建可靠、稳健物联网的关键。由于无线电传输的开放性，无线通信网络带来的信息安全问题不断涌现，尤其是用户身份假冒、重放攻击和设备克隆等问题。可信的识别认证对于保障物联网设备信息安全至关重要。每个物联网设备都应具有自己的身份以形成一个可信的物联生态网络系统。为避免用户身份假冒、重放攻击和设备克隆等问题的发生，如何准确地识别和认证物联对象是物联网面临的首要问题，也是物联网应用的基础。

　　传统的认证机制在应用层利用密码算法生成第三方难以仿冒的数值结果来实现，但这种应用层认证机制通常存在密钥泄露和协议安全漏洞等风险。现今，物联网感知层的终端设备具有智能化、多样化、复杂化等特点，传统的认证机制在一定程度上已难以满足物联网的信息安全需求。物理层认证是保障无线通信安全的核心技术之一，相比于应用层认证机制，它能够有效抵御模仿攻击，具有兼容性好、复杂度低、认证速度快、不需要考虑各种协议执行的特点，其基本原理是联合传输信号与收发信道的空时特异性，对通信双方的物理特性进行认证，从而在物理层实现身份认证与识别。

　　目前丰富的物理层资源还未得到充分利用，对物联网物理层认证方法的研究尚处于初级阶段，仍有较大的研究空间。从射频指纹识别的研究现状来看，提取具有独特原生属性的射频指纹仍然是一件极具挑战性的任务，提取的射频指纹仍然受大量因素的制约，在射频指纹产生机理、特征提取和特征选择方面，以及在射频指纹的鲁棒性和抗信道环境干扰等方面，还有大量问题有待研究解决。

　　在机器学习分类器设计方面，本书主要提出了基于灰色关联理论的改进自适应均值灰色关联分类器以及自适应区间灰色关联分类器两种算法，并与应用较为广泛的神经网络分类器进行了对比仿真。仿真结果表明，改进的灰色关联算法相对于传统的算法具有更好的自适应能力以及对区间交叠特征进行准确识别的能力，相对于神经网络分类器，改进算法在算法的复杂度以及算法的计算时间上都具有一定的优势，对于低信噪比下区间交叠特征的分类识别具有明显改善。

　　在通信调制信号特征提取方面，本书提出了基于熵云特征和 Holder 系数云特征的二次云模型特征提取算法。首先提取待识别信号的香农熵和指数熵二维特征向量，构成一个二维特征分布图。由于噪声环境不稳定且信噪比相对较低，所提取到的特征值并不是一个固定的值，而是在一定的区间以某一中心值呈不稳定的波动状态，该分布状态与正态云模型的分布状态相似，因此，再提取特征分布云的均值、熵、超熵这三个数字特征，构成三维特征分布向量，此三维特征描述的是信号的熵特征的分布特性。通过第二次的特征提取，更好地刻画了信号的特征变化，进而实现更低信噪比下的识别。基于 Holder 系数云特征的特征提取算法与基于熵云特征的特征提取算法相似，只是在第一次特征提取时，提取的是 Holder 系数二维特征，两种特征提取算法可以针对所要识别的信号类型，优选合适的特征提取算法。

针对通信调制信号特征提取这一步骤，又提出了基于分形维数的辐射源个体特征提取算法，该算法相对于前一个算法而言，只需要一次特征提取，但是，计算的复杂度相对于熵特征和 Holder 系数特征都有所提高。首先针对一维分形盒维数理论，提出了一种改进的分形盒维数特征提取算法，通过求取拟合曲线各个重构点的拟合斜率，构成一个盒维数特征向量，相对于传统的一维分形盒维数特征，能够更精确地表征信号的变化特性，因此，能够更好地对信号的特征进行提取。针对辐射源个体细微特征，本书提出了基于多重分形维数的特征提取算法，通过模拟不同的噪声环境以及电台内部元器件引起的信号的细微特征变化，利用多重分形维数特征，对信号进行多次相空间重构，提取不同维度的信号特征，再利用分类器进行识别，进而达到对辐射源个体细微特征进行识别的目的。

针对基于瞬态信号的射频指纹识别问题，本书提出了三种基于瞬态信号的射频指纹提取方法，用于无线通信设备身份的轻量级物理层认证。通过对同厂家、同型号、同批次的 10 台摩托罗拉对讲机测试，采用灰色关联分类器，在 20dB 信噪比下，基于 Hilbert 变换与主成分分析的射频指纹识别方法和基于 Hilbert 变换与熵特征提取的射频指纹识别均可以得到 100%的识别准确率。此外，在 10dB 信噪比下，前者的识别准确率仍然可以达到 96.67%，后者的识别准确率也可以维持在 91.33%。

针对基于稳态信号的射频指纹识别问题，本书提出了基于积分双谱的通信辐射源个体识别方法和基于功率谱密度的通信辐射源个体识别方法。识别同厂家、同型号、同批次的 8 个无线数据传输电台 E90-DTU 设备和 100 台 WiFi 网卡设备的实验测试表明，所提出的基于功率谱密度指纹特征与智能分类器的通信辐射源个体识别方法在视距场景、视距场景与非视距场景的混合场景、低信噪比场景、大数量物联设备场景都具有良好的识别准确率。

针对基于射频信号指纹的辐射源个体识别问题，本书探讨了基于射频信号基因特性的物联网物理层认证方法的技术路线。本书提出了物联网设备射频信号基因的概念，并对其基因特性进行认知，从数学本质出发，建立射频信号基因特征的数学模型，实现对射频信号基因特性理论的有效落地。借鉴信号调制域的星座图方法，本书提出了基于特征融合的统计图域的概念，通过对信号特征点密度分布的刻画，将一维信号识别问题转化为二维彩色图像识别问题，为深度学习应用于信号处理领域提供了一种重要的数据转换接口。在提取各类基因特征的基础上，本书提出射频信号基因精细画像的概念，对不同的射频信号构建多层次、多维度、多信度的射频基因精细画像，以期实现安全防护的"可视化与精准化"。最后构建基于知识加数据的多粒度智能分类器，重点研究基于深度神经网络的最高级物理层认证系统，以期实现安全防护的"智能化"。

针对基于传统调制信号统计图域的射频指纹识别问题，本书提出了基于差分等势星球图的物联网物理层认证方法。对 20 台同厂家、同型号、同批次的 WiFi 网卡设备进行识别认证测试表明，与等势星球图相比，差分等势星球图作为射频指纹具有更好的鲁棒性。即使不估计和补偿接收机的载频偏差和相位偏差，也可以获得通信辐射源（发射机）的可靠射频指纹。通过差分等势星球图，基于深度卷积神经网络的射频指纹识别方案，可以实现室内视距场景下物联网设备的可靠识别和认证。

在基于深度学习的通信框架下，如何设计适用于无线通信的深度学习模型也是研究者要面对的重要问题。在面向基于深度学习的通信框架下，本书开展了基于深度复数卷积神经网络的物联网无线通信设备身份识别技术研究，提出了基于差分深度复数卷积神经网络的物联网射频指纹识别方法和基于深度复数残差网络的通信辐射源个体识别方法。对同厂家、同型号、同批次的 20 台 WiFi 网卡设备的识别测试表明，深度复数卷积神经网络在提取射频指纹特征方面具有巨大潜力，比基于调制信号统计图域的射频指纹特征更具鲁棒性与唯一性。此外，与基于调制信号统计图域的方法相比，该方法可以有效地缩短采集到的稳态有效数据传输段所需的信号长度。

针对大规模现实世界无线电信号识别问题，本书设计了两种深度卷积神经网络模型，用于大规模现实世界无线电信号识别。详细的实验测试表明：①基于功率谱密度与支持向量机分类器的射频指纹识别方法适用于物联网感知层终端设备数目较多的室内场景处理；②由于在将射频基带 I/Q 信号转换为图像的过程中存在不可避免的信息丢失，基于调制信号统计图域的深度学习方法的识别准确率只能接近或低于上述功率谱密度方法；③所开发的两种深度卷积神经网络模型对 198 架民航飞机的识别准确率均达到 99%，并且所设计的深度复数卷积神经网络模型在大规模现实世界无线电信号识别中具有更大的应用潜力。

本书主要内容是作者十余年来的研究成果。本书相关研究内容的完成得益于前期科研项目的资助，包括国家自然科学基金面上项目（62076160，基于射频信号"基因"的泛在电力物联网物理层多级智能认证方法）、上海市自然科学基金面上项目（21ZR1424700，基于射频信号"基因"多级精细画像的电力物联网物理层智慧认证方法）、国家自然科学基金青年项目（61603239，变化低信噪比下的自适应信号侦测识别方法研究）、电子信息系统复杂电磁环境效应国家重点实验室开放基金项目（CEMEE2018K0102A，基于分形理论的射频指纹特征提取技术研究）以及浙江武义电气安装工程有限公司企业横向项目（H2020-305，基于射频信号"基因"的电力物联网物理层多级智能认证关键技术研究）。同时，感谢上海电力大学应雨龙老师对本书内容完成的帮助和指导。此外，感谢国网浙江省电力有限公司武义县供电公司王申华工程师对本书内容的校对和修正。

由于作者水平有限，书中难免会有疏漏之处，恳请广大读者批评指正。

李靖超

2021 年 12 月

于上海电机学院

目　　录

第1章 绪 论

1.1 物联网物理层认证研究概述

国家电网有限公司于 2019 年全面推进"三型两网"（三型即平台型、枢纽型与共享型；两网即坚强智能电网与泛在电力物联网）建设，加快打造具有全球竞争力的世界一流能源互联网企业的战略部署，而建设泛在电力物联网是建设能源互联网的重要基石。泛在电力物联网是物联网在电力领域的垂直和深度应用，其内涵是实现物理电网的数字化转型，构建万物互联、全面感知、实时交互的数字电网，其特征与要素如图 1.1 所示。

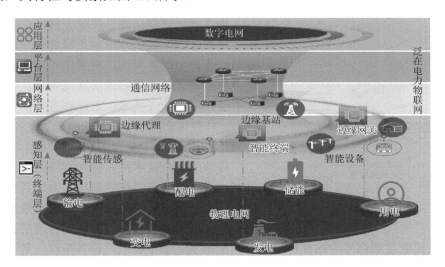

图 1.1 泛在电力物联网的特征与要素

信息安全是构建可靠、稳健的物联网的关键。近年来各国发生的攻击事件（如通过智能数据攻击导致电网发生切负荷、线路过载断线、连锁故障等）逐步将电网在信息安全方面存在的各种隐患暴露出来。除了要面对一般通信网络所面临的如信息泄露、信息篡改、重放攻击、拒绝服务等威胁外，电网还面临着终端设备节点容易被攻击者物理操纵，获取敏感数据信息的威胁。随着无线通信网络带来的信息安全问题不断涌现，如何准确地识别和认证物联对象，阻止用户身份假冒和设备克隆等问题的发生，是泛在电力物联网得以应用首要解决的问题。

传统的认证机制是在应用层实现的,利用密码算法生成第三方难以仿冒的数值结果,但这种机制存在着协议安全漏洞和密钥泄露等风险。泛在电力物联网感知层终端设备具有多样化、智能化、复杂化且数量庞大的特点,虽然传统的认证机制可以在一定程度上保障信息安全,但是并不适用于处理大规模网络及其带来的海量数据,难以满足泛在电力物联网的信息安全需求。知名安全厂商赛门铁克联合全球最大的芯片提供商德州仪器公司,以及密码服务提供商 wolfSSL 公司,将认证技术、加密技术以及嵌入式技术结合到一起,为物联网设备提供可靠的信息加密和身份认证服务,然而这种基于嵌入式技术的设备保护方法需要较高的成本。对于输变电物联网与配电物联网的终端设备身份认证,常用的有基于身份标识的条形码和射频识别(radio frequency identification,RFID)技术。其中,RFID技术本质上是利用电磁波所携带的有意调制信息经解调后进行设备身份认证,但其安全和隐私威胁涉及窃听、假冒和标签克隆等问题。因此,研究一种低错误率、高效率、低成本的感知层终端设备接入与控制的身份识别认证方法,是确保泛在电力物联网稳健运行的关键。

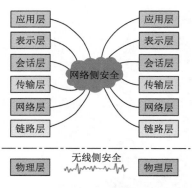

图 1.2　物联网物理层认证

物联网物理层认证是保障无线通信安全的核心技术之一,其基本原理是联合收发信道与传输信号的空时特异性,对通信双方的物理特征进行验证,从而在物理层实现身份认证。相比于应用层的认证技术,它能够有效抵御模仿攻击,具有认证速度快、复杂度低、兼容性好、不需要考虑各种协议执行的优点,如图 1.2 所示。

传统的安全技术可以称为网络侧内生安全机制,目标主要集中在物理层以上,其形式体现出安全滞后于通信的特点,其安全效果呈现出渐进式增强的特点。而物联网物理层认证技术通过提取射频信号中的独特特征,构建与生物学中类似的设备指纹,是一种增强无线网络安全性的物理层方法,属于无线侧内生安全机制。

物联网物理层认证技术为安全通信提供了广阔的平台。如今对物联网物理层认证技术的研究还处于初级阶段,丰富的物理层资源并没有得到充分利用,仍具有巨大的研究空间。射频指纹识别是基于设备物理层硬件的非密码认证方法,无须消耗额外的计算资源,也无须嵌入额外的硬件,是构建低成本、更简洁、更安全的识别认证系统的非常有潜力的技术,如图 1.3 所示。

使用射频指纹技术可以在信号层面为移动通信提供抵御已知和未知无线接入攻击的能力。目前,射频指纹识别技术已应用于军事、医疗、无线网络安全、质量管理等领域,如图 1.4 所示。

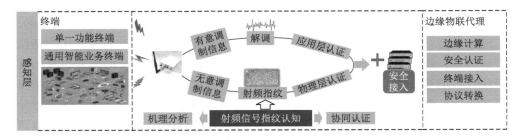

图 1.3 射频指纹识别技术

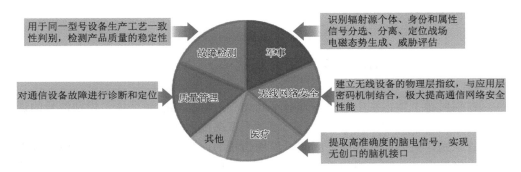

图 1.4 射频指纹识别技术的应用领域

1.2 国内外研究及发展现状

近年来，通信辐射源个体识别是物联网物理层认证领域的重要研究内容。基于辐射源个体内部器件的离散特性和生产制造工艺中器件细微的不一致性，从原理上讲，每一台辐射源个体都会有可以唯一地反映其个体特性的微小特征，若可以从不同的辐射源个体发射信号中提取到能够反映该辐射源个体属性的"指纹"细微特征，就能够在所截获接收的目标信号中快速地将各个信号所对应的辐射源个体区分开，进而实现对通信辐射源个体信号细微特性的分析与识别，因此，通信辐射源个体识别就是从传输的信号中提取信号所携带的微小特征，实现对辐射源个体的分类。如今，随着对辐射源个体指纹识别与分类技术研究的逐步深入与探索，研究出来的成果与算法也越来越多，采用的信号识别算法也各有特色。如何科学并准确地提取、测量辐射源个体的特征参数是辐射源个体识别的关键。

国内外的学者针对辐射源个体特征提取算法这一问题做了大量的研究，提出了许多的新思路和新方法。国外对相关问题的研究是从 20 世纪末开始的，已经取得了一定的研究成果；国内对相关内容在近些年才逐渐产生兴趣，一直处于探索的阶段。此外，早期在国外，仅有电台的暂态信号特征研究得比较成熟，它通常是指开关机信号或突发暂态信号，利用特征提取算法对细微变化的特征进行分析，进而实现辐射源个体识别，近些年来，对稳态特征的研究也开始逐渐深入，取得了相当多的研究成果。而国内在辐射源个体识别方面还处在初步研究阶段，即一直处在概念上和理论上，对辐射源个体信号的局部特征进行分析与研究，理论上也取得了一定的成果。目前，辐射源个体识别中特征提取这一模块，大体上可以分为两大类，一类是通信辐射源个体调制信号的特征提取算法，另一类是通信辐射源个体的细微特征提取算法，这两方面都取得了比较可观的研究成果。

1.2.1　通信信号调制方式识别研究现状

在辐射源个体识别中，对于发射不同调制信号的辐射源个体，识别信号的调制方式进而对辐射源个体进行区分，相对于直接提取辐射源个体的细微特征对电台进行识别，更为简单容易。因此，识别信号的调制方式也是辐射源个体识别中的热点问题之一。随着通信系统的日益复杂多样，以及通信技术的不断发展，信号的调制方式也日益增多，如何选择合适的特征提取算法、提取信号的调制特征显得尤为重要。目前已有的调制识别算法已有很多，如基于高阶累积量的识别算法，基于熵特征复杂度的识别算法，基于循环谱、高阶谱特征的识别算法，以及基于星座图的识别算法等。如何以较小的计算复杂度、较短的计算时间，在低信噪比（signal-to-noise ratio，SNR）下达到较高的识别准确率是特征提取的关键。目前应用较为广泛的特征提取算法主要可以分为以下几类。

1. 时域特征提取算法

信号的时域特征提取算法是特征提取算法中的突出代表，由 Nandi 等[1]提出，在调制识别领域中占有主导地位，其中，基于瞬时幅度、瞬时频率以及瞬时相位等 9 大特征参数的特征提取算法，已经被各国学者广泛的应用并引用。有很多学者在这个算法的基础上，引入了一些新的或是改进的信号特征参数，以及一些新的分类器算法。这些算法计算相对简单，且识别的信号类型较多，即使在信噪比为 10dB 时，仍可以达到 90%的识别准确率[2]。早期的通信调制识别算法大多根据信号的时域波形特征来对信号进行区分，但是，涉及的参数较多，往往需要计算信号的多个特征参数，并且受信噪比的影响较大。通信信号的调制信息从信号的波形中可以很明显地表现出来，其中，3 个重要的特征参数（信号的幅度、频率和相位）是研究的主要对象。文献[3]利用 5 个较为简单的瞬时特征参数对调制信号进行识别，不仅计算简单，而且利用小波滤波器对特征参数进行了去噪处理，提高了算法的识别效果，在对信号识别准确率要求不高的情况下，是一种比较适合应用的识别算法。文献[4]根据信号样本的幅度、频率和相位特征，利用小波变换，在高斯信道环境下，对不同的调制信号进行了识别，但是，该算法只适合于较高信噪比下的高斯噪声环境，具有一定的局限性。文献[5]提出了基于信号的一阶统计矩的特征参数识别算法，该算法运算量小、稳定性强，即使在信噪比为–7dB的环境下，仍可以达到 97% 的识别准确率，但是该算法能够识别的信号调制类型较少，对待识别的信号类型具有一定的选择性。文献[6]利用 Hilbert 变换和解析函数对 6 种信号的瞬时幅度进行了分析，通过提取基于瞬时幅度的特征参数，对不同的信号进行了识别，但是，该算法在低信噪比下识别准确率较低。文献[7]提出了基于方差分形维数和 Mandelbrot 奇异分形维谱的调制信号特征提取算法，该算法可以实现较低信噪比下的准确识别，但是计算复杂度相对较高。文献[8]将信号的包络特征和分形维数特征进行了有效的结合，同时利用奇异值分解算法对噪声进行了更好的抑制，达到了较好的识别效果，然而该算法是以计算时间的加长为代价的，在实际工程应用中，对于不要求实时性处理的工程项目具有更好的应用价值。综上所述，虽然基于时域的特征参数提取算法计算相对简单、容易实现，但是，时域中提取的特征参数容易受到噪声的影响，因此，该特征只能用于信噪比较高的条件，这样其应用范围也受到了一定的限制。

2. 频域特征提取算法

通信调制信号的基本调制原理是：用待传输的信号对特定的周期信号的特征参数进行调制，所以，通信调制信号基本都具有周期稳定性。文献[9]提出了基于谱相关特征分析的识别算法，采用了谱相关特征的 6 个特征参数，对不同调制信号的周期特性进行特征提取，实现对信号的分类。这些特征参数的优点在于，由于信号调制类型的不同，它们的差异较大，具有很好的稳定性，相对于在时间域上所提取的特征参数，抗噪性能更强，但是，计算量相对较大，不利于实时计算。在频域内对不同的调制信号进行频谱分析，进而对信号进行识别，相对于时域下的信号识别，具有更好的抗噪性能，应用较为广泛，特征提取算法更是多种多样。文献[10]利用调制信号的谱分布特性，直接提取信号的三种谱特征（功率谱、平方谱以及四次方谱），实现了在没有先验知识的环境下对卫星信道中的通信信号识别的目的。该算法具有较强的抗噪性能，但是其运算量相对较大，不利于对信号进行实时识别。文献[11]提出了一种基于功率谱及低次方谱的信号特征提取算法，识别效果相对于时域的统计量具有更强的抗噪性能，但是，对信号的非线性变换破坏了估计量的有效性，最终使特征参数的性能降低。文献[12]提出了基于高阶累积量特征参数的调制信号特征提取算法，该算法对于白噪声具有很好的抑制作用，但是不同的调制信号的高阶累积量参数可能相同，因此，无法实现对更多的调制信号进行识别的目的。基于高阶累积量的特征提取算法，对信号星座图的尺度、平移以及相位旋转具有不变性，在信号的调制识别中具有较好的应用，但是，因为正交相移键控（quadrature phase shift keying，QPSK）信号和十六进制正交幅度调制（hexadecimal quadrature amplitude modulation，16QAM）信号具有相似的高阶统计特征，虽然有时候提取到的特征值在数值上有所差异，但是，如果信号的数据长度有限，噪声环境不平稳，将难以对信号进行区分。因此，许多学者将高阶累积量的识别算法与其他的算法相结合，既利用了高阶累积量能对白噪声进行抑制的优点，又实现了对更多调制信号进行识别的目的。文献[13]将高阶累积量和星座图进行结合，作为信号调制识别的特征参数，实现了低高斯噪声环境下对更多信号进行识别的目的。文献[14]和[15]利用循环谱特征对不同的调制信号进行了特征提取，实现了较低信噪比下对信号识别的目的，但是，只有对谱特征具有循环特性的信号才可以实现特征提取，且计算时间相对较长。文献[16]提出了基于广义二阶循环统计量的特征提取算法，针对 Alpha 稳定分布噪声环境，对不同的调制信号进行识别，该算法解决了传统的二阶循环统计量在 Alpha 稳定分布噪声中谱特征退化的问题，实现了 Alpha 稳定分布噪声环境下的信号识别。文献[17]采用信号平方谱和四次方谱的强度与位置作为识别信号的特征参数，具有较强的鲁棒性，对于调制样式多变的信号环境具有很好的识别效果，但是，其计算复杂度相对于其他谱特征提取算法较为复杂。

3. 时频域特征提取算法

基于时频分析的特征提取算法适用于对局部平稳信号中较长的一些非平稳信号的研究。目前，主要的基于时频分析的特征提取算法有维格纳-威利分布（Wigner-Ville distribution，WVD）算法、小波变换以及短时傅里叶变换（short-time Fourier transform，STFT）算法等。但是，这些特征提取算法中，也存在着一定的缺点。短时傅里叶变换算法无法兼顾时间分辨率与频率分辨率的精度，维格纳-威利分布算法存在着负值以及交叉项影响的问题。小波变换算法常常被用来分析一些非平稳信号，来检测信号的奇异性质。但是，该算法适用于在较高的信噪比条件下，对于低信噪比条件下的调制信号特征提取并不太适用。原因在于，在较低的信噪比条件下，噪声的幅度可能会淹没小波变换的尖峰。时频域特征提取算法相对于单独的时域或频域特征提取算法，能够从时频域两个方面来提取信号的调制特征，其中，分数阶傅里叶变换、WVD 以及小波变换等算法已经是时频域特征提取中比较经典的特征提取算法。文献[18]提出了基于改进的小波变换与时频脊线结合的时频分析算法，进而实现了对频移键控（frequency shift keying，

FSK）信号的特征信息进行提取的目的，充分地发挥了小波去噪方法的优势，降低了噪声对信号特征提取结果的影响，也弥补了在低信噪比条件下，平滑伪维格纳-威利分布（smoothed pseudo-Wigner-Ville distribution，SPWVD）提取信号的特征信息中存在的不足。文献[19]在对信号的幅度进行归一化的基础上，利用小波变换算法，在未知调制信号先验知识的情况下，分别对二进制幅移键控（binary amplitude shift keying，2ASK）、二进制相移键控（binary phase shift keying，2PSK）、二进制频移键控（binary frequency shift keying，2FSK）信号进行了识别，该特征提取算法计算较为简单，但只适合于高信噪比下的信号识别。文献[20]提出了非高斯 Alpha 稳定分布噪声下的一种信号调制识别算法，该算法利用广义分数阶傅里叶变换和分数低阶 WVD，对不同的数字调制信号进行了识别，打破了各种传统算法只能在高斯噪声下对信号进行识别的局限性，适合于非高斯 Alpha 稳定分布噪声下的识别。

从近几年来国内外学者发表的文献中可以看出，信号的调制识别理论越来越受到有关学者的重视，各种各样的现代信号处理技术，其中包括小波理论、分形理论、人工神经网络、高阶统计量、谱相关理论等，都开始或已经被应用到对该理论的研究中。但较低信噪比条件或变化信噪比条件下的通信信号调制方式的识别问题仍没有被很好地解决，成为当前研究的重点。

由于调制信号的识别只是在不同的辐射源个体发射信号调制方式不同的条件下，才能对不同的辐射源个体进行的识别算法，利用该方式对辐射源个体进行识别具有一定的局限性，因此，提取辐射源个体的"指纹"特征，才是对辐射源个体进行识别的关键。

1.2.2 通信辐射源个体指纹识别研究现状

基于射频信号细微特征的设备识别，最早起源于特定辐射源识别（specific emitter identification，SEI），即将辐射源独特的电磁特性与辐射源个体关联起来的能力。2003 年，加拿大的 Hall 等提出了射频"指纹"（radio frequency fingerprint，RFF）这一概念[21]，从发射机信号中提取一组具有差异性的细微特征集合，作为设备的物理层本质特征。如同每个人会有不同的指纹特征，各个无线设备也会存在不同的射频指纹，即硬件差异，而这些差异会蕴含在通信信号中，可以通过对信号进行指纹特征提取来进行识别。

无线电通用数字发射机系统如图 1.5 所示，即便是同厂家、同型号、同批次设备，由于电子元器件容差效应的存在，内部的一些器件如振荡器（存在偏频、相位噪声）、调制器（存在调制误差）及功率放大器（存在非线性失真）等，其实际的硬件参数也会不尽相同。

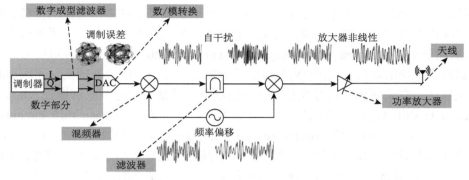

图 1.5　无线电通用数字发射机系统

I 表示同相信号；Q 表示正交信号

现有的射频指纹识别技术根据利用物理层资源的不同，可分为基于信道特征的指纹识别技术和基于传输信号的指纹识别技术，如图 1.6 所示。

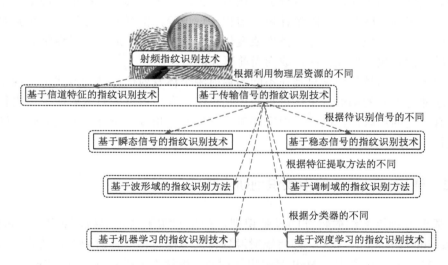

图 1.6　射频指纹识别技术的特点与种类

基于信道特征的指纹识别技术旨在利用设备的唯一位置信息来作为不同用户在不同场景下的身份检测指标，通常应用于物联网设备的室内定位。常用的信道特征有无线电信号强度（radio signal strength，RSS）、信道状态信息（channel state information，CSI）和信道频率响应（channel frequency response，CFR）。基于传输信号的指纹识别技术分为基于瞬态信号的指纹识别技术和基于稳态信号的指纹识别技术。基于瞬态信号的指纹识别技术是在设备开启/关闭的瞬间，对所发送的一段瞬态/暂态信号进行射频指纹提取的过程。瞬态信号不包含任何数据信息，只体现发射机的硬件特征,因此具有独立性,射频指纹最初就是从瞬态信号中提取的,如瞬态信号的持续时间、分形维数特征、频谱特性、时域包络、小波系数等。由于瞬态信号持续时间短,难以捕获,对突变点检测和定位较为敏感,限制了其在实际环境中的应用。稳态信号是发射机处于稳定工作状态时的信号,其持续时间长,更容易获得,利用廉价的接收机即可完成,但稳态信号中存在的射频指纹更不容易提取,如频率偏移、Holder 系数特征、熵特征、展布频谱等。2018 年,Rondeau 等[22]通过利用前导序列之后的数据波形提取了星座图、载频偏差等特征,得到了一种与传输数据无关的射频指纹。随着射频指纹识别技术的发展,学者逐渐从利用瞬态信号到利用稳态信号的前导序列,再到利用稳态信号的传输数据段,逐步降低了对待识别信号检测和提取的要求。

根据特征提取方法的不同,射频指纹识别方法分为基于波形域的指纹识别方法和基于调制域的指纹识别方法。基于波形域的指纹识别方法利用待识别信号的时域波形特征,如瞬态信号持续时间等直接对信号进行识别。也可对信号进行各种域变换处理后再提取其特征,如傅里叶变换、小波变换、希尔伯特-黄变换、双谱变换、固有时间尺度分解、同步挤压小波变换、改进的分形盒维数等。变换域方法试图将时域信号变换到其他域上来最大化个体差异,但变换域方法提取的特征会随传输数据的变化而变化。为了避免特征提取方法受待识别信号传输数据的影响,基于稳态信号的射频指纹识别方法大都利用信号中重复出现的前导序列作为待识别信号。其中射频本质属性(radio frequency distinct native attribute,RF-DNA)方法是近年来颇受关注的一种方法,由美国空军学院 Klein 等[23]所在的课题组于 2009 年提出,是一种利用统计方法生成射频指纹特征集的计算框架,可分为信号子区域划分、基础特征生成和统计特征生成三步。统计特征生成步骤是计算各子区域基础特征的统计特征,如标准差、方差、峰度、偏度等,然后将所有的统计特征联合起来构成 RF-DNA 指纹集。在基础特征生成方面,最早使用瞬时幅度、瞬时相位和瞬时频率构建时域 RF-DNA 指纹,使用双树复小波变换构建小波域 RF-DNA 指纹,结果表明在低信噪比时,小波域 RF-DNA 指纹比时域 RF-DNA 指纹分类效果更好,在 80%正确率下有 8dB 的信噪比提升。随后 RF-DNA 技术的发展大致有三种趋势:一是对分类器进行改进;二是对丰富的 RF-DNA 指纹特征集合进行特征选择和特征降维处理;三是扩展 RF-DNA 技术的应用领域,尝试对各种信号样式的射频指纹进行提取,对发射天线和负载进行识别,对射频器件的故障进行检测等。电磁信号受发射机载频偏移、功率放大器非线性、正交调制器不平衡和直流偏移等因素的影响,其差异性直接表现在信号的调制域上,这为在调制域构建发射机的射频指纹提供了可能。目前,正交调制在通信信号中得到了广泛的应用,涉及的调制域特征有载频偏移、调制偏移、I/Q 偏移、星座轨迹图、差分星座轨迹图等特征及其组合。调制域方法以 I/Q 信号样本为基本处理单元,利用调制方案强制赋予的信号结构，使信号发射机的特定属性更加容易识别。2015 年，Knox 等[24]针对 SiLabs IEEE 802.15.4 2.4GHz 的射频设备分类问题，将 Ettus Labs USRP1 软件无线电平台作为接收设备（采样频率为 4MHz），采集并解调了 5 台出自同一生产厂家、同型号的射频设备信号，提取基带信号的相位信息作为射频指纹。实验结果表明，该射频指纹的分类性能会因温度差异和信道距离差异而产生变化，信道距离越短，识别准确率越高，当采用三种信道距离（即短距离、中距离和长距离）时，平均识别准确率分别为 99.6%、95.3%和 81.9%。2015 年，Carbino 等[25]提出了一种基于星座图独特本质属性（constellation based-distinct native attribute，CB-DNA）的射频指纹识别方法，从以太网卡无意的电缆辐射中提取出设备的指纹，用以增强传统的基于媒体存取控制（media access control，MAC）地址的身份（identity，ID）验证，达到减少未经授权的网络入侵行为的目的，并在 2016 年对该方法进行了改进，提高了设备识别准确率和流氓拒绝率。2016 年，彭林宁等[26]提出了一种利用星座轨迹图的射频指纹提取方法，该方法不需要对接收机的载波频率偏差和相位偏差进行补偿，并初步讨论了白噪声和信道参数变化对基于星座图的射频指纹的影响。紧接着彭林宁等又在 2018 年利用差分星座轨迹图、载频偏移和来自星座轨迹图的调制偏移和 I/Q 偏移组合成混合特征，很好地实现了对 54 个 ZigBee 设备的分类，并检验了在不同信噪比、直射和非直射环境下的识别性能，取得了很好的效果，提取的射频指纹在 18 个月内依然有效。由于星座轨迹图提取的射频指纹具有一些不确定的参数，并且为了进一步提高识别准确率和抗噪性能，Yang 等[27]提出了一种基于簇中心差的射频指纹提取方法，并与随机森林分类器相结合，通过构建实际的射频指纹识别系统验证了该方法的有效性，实验表明，当 SNR 为 15dB 时，系统识别准确率可达 97.9259%。

在识别认证阶段，根据分类器的不同，射频指纹识别技术可分为基于机器学习的指纹识别技术和基于深度学习的指纹识别技术。分类器设计是在利用特征工程方法提取射频指纹之后的关键处理环节之一，目前已有大量成熟的分类器可供使用，如 k 近邻、支持向量机、神经网络、灰色关联算法、极致学习机等方法。相关研究表明最好能够将特征选择、特征降维和分类器结合在一起使用，这样可以更好地进行相关性分析，得到更利于分类的射频指纹特征。此外，通过策略将多个分类器集合，可以获得比单个分类器更好的分类性能，这就是集成学习分类器的思想。深度学习方法在图像识别、语音识别、自动驾驶等领域已有大量成功应用，不断有学者尝试将深度学习方法引入射频指纹识别领域，以解决射频指纹识别中存在的自适应能力差等问题。2018 年，Ding 等[28]提出了一种基于深度学习的 SEI 方法，该方法选择了信号的稳态部分，首先利用双谱变换提取特征，然后使用监督降维方法来显著减少双谱维度，最后采用卷积神经网络使用压缩双谱来识别特定的发射器。2018 年，Zhao 等[29]使用一种基于拒绝采样的迁移学习方法来更新实例权重，并将权重与拒绝抽样相结合以构建训练集，该方法训练的模型受时变和信道环境影响小。2018 年，美国海军研究实验室的 Merchant 等[30]开发出了一种直接利用时域复基带误差信号训练卷积神经网络的框架，并成功识别出7 个 ZigBee 设备，这种方法不必专门利用前导序列或固定位置重复出现的信号片段，所提取的射频指纹特征与待识别信号承载的内容无关。2018 年，Chatterjee等[31]提出了射频物理不可克隆函数（radio frequency-physical unclonable function，RF-PUF）概念，该方法仅利用数据部分的波形而不需要前导序列，是一种基于深度神经网络的框架，利用 50 个隐含层神经元实现对本振偏移和 I/Q 不平衡等特征的检测，仿真结果表明在不同信道条件下，对 10000 个发射机的正确识别准确率高达 99%。2019 年，Yu 等[32]提出了一种多采样卷积神经网络，并开发了一种 SNR自适应兴趣区域（region of interest，ROI）选择算法，以通用软件无线电外围设备（universal software radio peripheral，USRP）作为接收器，54 个 CC2530 设备作为识别目标，检验了该方法在视距场景和非视距场景中的可行性和可靠性，结果表明在视距和非视距场景下都很稳健，在 SNR 为 30dB 的视距环境下，识别准确率高达97%。同年，Yu 等[33]还提出了一种基于去噪自动编码器的深度学习射频指纹识别模型，与传统的卷积神经网络相比，在加性高斯白噪声信道下，在 SNR 为–10～5dB 时可将识别准确率提高 14%～23.5%，即使 SNR 为 10dB，识别准确率也高达97.5%。另外，基于深度稀疏胶囊网络[34]也可用于信号分类，与卷积神经网络相比，不仅具有良好的分类性能，而且可以自动获得分层特征表示。深度学习方法给射频指纹识别提供了新的思路和技术，然而目前基于深度学习的指纹识别技术主要直接利用基带数据作为训练数据，试图让算法自己去寻找指纹特征，取得了一定效果，但由于其"黑箱"的特点，最好与特征工程的方法相结合来研究，以增强深度学习模型的可解释性，提高射频指纹识别机理方面的认识。此外，许多应用于通信领域的深度学习模型都是基于通用模型设计的，例如卷积神经网络通常用于图像分类问题，而循环神经网络通常用于自然语言处理（natural language processing，NLP）领域。虽然目前计算机科学领域通用的模型可以应用于通信领域，但是在实际的通信工程项目中，建立适用于通信场景的通用模型不仅有利于优化通信系统，而且可以降低模型选择的成本和时间，因此，在基于深度学习的通信框架下，如何设计适用于无线通信的深度学习模型也是研究者要面对的重要问题。

参 考 文 献

[1]　Nandi A K，Azzouz E E. Automatic analogue modulation recognition[J]. Signal Processing，1995，46（2）：211-222.

[2]　Ramakonar V，Daryoush H，Abdesselam B. Automatic recognition of digital modulated communications signals[C]. Fifth International Symposium on Signal Processing and its Applications，ISSPA'99，Brisbane，1999：753-756.

[3]　位小记，谢红，郭慧. 基于瞬时特征参数的数字调制识别算法[J]. 传感器与微系统，2011，30（1）：127-130.

[4]　白立锋，闫宁. 通信系统中调制类型自动识别方法分析[J]. 无线电通信技术，2011，37（4）：59-61.

[5] 张志民，欧建平，皇甫堪. 模拟通信信号调制方式自动识别算法[J]. 计算机工程与科学，2013，35（3）：163-167.

[6] 谭力. 利用幅度特性对数字信号调制方式进行识别[J]. 电子测试，2011，（11）：21-24.

[7] 唐智灵，杨小牛，李建东. 调制无线电信号的分形特征研究[J]. 物理学报，2011，60（5）：1-7.

[8] 郭强，吴杰，桑睿. 一种低信噪比下有效的数字信号调制识别方法[J]. 电视技术，2011，35（17）：87-90.

[9] Gardner A W. Spectral correlation of modulated signals：PART I-analog modulation[J]. IEEE Transctions on Communication，1987，35（6）：584-594.

[10] 范海波，杨志俊，曹志刚. 卫星通信常用调制方式的自动识别[J]. 通信学报，2004，25（1）：140-149.

[11] Yan Y S，Wang H Y，Shen X H. Feature extraction of underwater low-velocity targets based on 11 over 2-spectrum[C]. 2010 International Conference on Computer，Mechatronics，Control and Electronic Engineering（CMCE），Changchun，2010：240-243.

[12] Han Y，Wei G H，Song C Y，et al. Hierarchical digital modulation recognition based on higher-order cumulants[C]. 2012 Second International Conference on Instrumentation，Measurement，Computer，Communication and Control（IMCCC），Harbin，2012：1645-1648.

[13] 黄英，雷菁. 卫星通信中调制识别算法研究[J]. 系统工程与电子技术，2009，31（6）：1303-1306.

[14] 郭伟涛，王华力. 一种基于循环谱的数字信号调制识别方法[J]. 军事通信技术，2011，32（2）：22-26.

[15] 夏玲. 基于循环特征的调制模式识别算法[J]. 科学技术与工程，2012，12（31）：8241-8246.

[16] 赵春晖，杨伟超，马爽. 基于广义二阶循环统计量的通信信号调制识别研究[J]. 通信学报，2011，32（1）：144-150.

[17] 邓璋，徐以涛，王乃超. 基于信号谱线特征的调制方式识别[J]. 通信技术，2013，46（1）：7-10.

[18] 陈昌孝，何明浩，朱元清，等. 基于时频重排和时频脊线的信号脉内特征提取[J]. 数据采集与处理，2008，23（1）：95-99.

[19] 孙景芳. 数字信号调制识别的研究[J]. 科技信息，2011，19：120-121.

[20] 刘明骞，李兵兵，曹超凤. 非高斯噪声下数字调制信号识别方法[J]. 电子与信息学报，2013，35（1）：85-91.

[21] Hall J，Barbeau M，Kranakis E. Detection of transient in radio frequency fingerprinting using signal phase[C]. Proceedings of the Third IASTED International Conference on Wireless and Optical Communications，Banff，2003：13-18.

[22] Rondeau C M，Betances J A，Temple M A. Securing ZigBee commercial communications using constellation based distinct native attribute fingerprinting[J]. Security and Communication Networks，2018：1-4.

[23] Klein R W，Temple M A，Mendenhall M J. Application of wavelet-based RF fingerprinting to enhance wireless network security[J]. Journal of Communications & Networks，2009，11（6）：544-555.

[24] Knox D A，Kunz T. Wireless fingerprints inside a wireless sensor network[J]. ACM Transactions on Sensor Networks（TOSN），2015，11（2）：37-52.

[25] Carbino T J，Temple M A，Bihl T J. Ethernet card discrimination using unintentional cable emissions and constellation-based fingerprinting[C]. 2015 International Conference on Computing，Networking and Communications（ICNC），Garden Grove，2015：369-373.

[26] 彭林宁，胡爱群，朱长明，等. 基于星座轨迹图的射频指纹提取方法[J]. 信息安全学报，2016，1（1）：50-58.

[27] Yang N，Zhang Y Y. A radio frequency fingerprint extraction method based on cluster center difference[J]. Frontiers in Cyber Security，2018，879：282-298.

[28] Ding L，Wang S，Wang F，et al. Specific emitter identification via convolutional neural networks[J]. IEEE Communications Letters，2018，22（12）：2591-2594.

[29] Zhao C D，Cai Z B，Huang M M，et al. The identification of secular variation in IoT based on transfer learning[C].

2018 International Conference on Computing，Networking and Communications（ICNC），Hawaii，2018：878-882.

[30]　Merchant K，Revay S，Stantchev G，et al. Deep learning for RF device fingerprinting in cognitive communication networks[J]. IEEE Journal of Selected Topics in Signal Processing，2018，12（1）：160-167.

[31]　Chatterjee B，Das D，Maity S，et al. RF-PUF：Enhancing IoT security through authentication of wireless nodes using in-situ machine learning[J]. IEEE Internet of Things Journal，2018，6（1）：388-398.

[32]　Yu J B，Hu A Q，Li G Y，et al. A robust RF fingerprinting approach using multi-sampling convolutional neural network[J]. IEEE Internet of Things Journal，2019，6（4）：6786-6799.

[33]　Yu J B，Hu A Q，Zhou F，et al. Radio frequency fingerprint identification based on denoising autoencoders[EB/OL]. [2019-07-23]. https://arxiv.org/abs/1907.08809v1.

[34]　Liu M Q，Liao G Y，Yang Z T，et al. Electromagnetic signal classification based on deep sparse capsule networks[J]. IEEE Access，2019，7：83974-83983.

第 2 章　基于熵和 Holder 系数的通信调制信号特征提取算法

通信辐射源个体识别技术是物联网物理层认证领域的一个主要研究内容，特征提取与分类器设计是该项技术中的两个关键环节。随着通信技术的快速发展，通信信号的种类及复杂度都逐渐增加，通信环境也日益复杂，这就对辐射源个体识别技术提出了更高的要求，因此，在低信噪比下有效地提取出调制信号的特征，在军事或民用领域都具有重要的意义。

自然界的事物时刻处于不断地运动与变化之中，且在这些动态的过程中，蕴含着十分丰富的可以揭示事物本质的信息，这就使特征提取成为研究者日益关注的话题。假设待描述的不断随时间变化的信号为 $x(t)$，时间 t 为自变量，则待描述信号 $x(t)$ 是信号特征信息的载体，信号的具体内容即为要提取的信息，而信号特征提取的基本任务就是从信号 $x(t)$ 中获得特征信息。信号的特征提取以对信号的处理和分析为基础，是工程应用学科、数学以及物理学的综合体现，且其深度融合了调和分析、统计分析、逼近论与信息论等方法。

目前，特征提取已经广泛地应用于语音分析、地质勘测、图像处理、生物工程、机械故障诊断、军事目标识别等各个学科及工程领域中。信号的多变性、随机性和信号特征的模糊性共同决定了个体特征提取的复杂度，这就使对特征提取理论和方法的研究处于具体与抽象、离散与连续、起因与结果、有限与无限、偶然与必然等对立统一的相对矛盾中，这一直是国内外学者广泛关注的、具有一定挑战性的研究方向，如今，其在故障诊断、人工智能、模式识别等领域已成为研究的焦点问题。

特征提取的好坏直接关系到系统最终的识别效果。其基本任务是提取能够代表信号信息的基本特征，在需要的条件下，还要从众多的特征中找出几组对分类最有效的特征，即把高维的特征空间映射到低维的特征空间，即选取能够代表信号信息的最重要的特征，以便于有效地设计分类器。但是，在很多时候，从实际环境中找到那些最有效的特征并不容易，使特征提取和选择成为个体识别中最困难的任务之一，因此，如何利用相关理论，提取信号的细微特征，越来越受到学者的重视。

目前，常用的信号特征提取方法有以下几种。

1. 时域分析法

常见的分析方法有幅值分析法、相关域分析法、参数模型分析法、波形分析法、信号包络分析法等。

2. 频域分析法

常见的分析方法有功率谱分析法、最大熵谱分析法、倒谱分析法、包络谱分析法、三维谱阵分析法等。

3. 时频分析法

常见的分析方法有短时傅里叶变换法、小波分析法、WVD、Choi-Wiliams 分布法等。

本章针对通信信号调制方式识别中的特征提取这一步骤，提出基于熵特征和 Holder 系数特征的信号特征提取算法，这两种算法计算较为简单，提取到的辐射源个体特征具有一定的类内聚集度和类间分离度，同时，也为第 3 章的云模型数字特征二次特征提取做准备。

2.1　基于熵值分析法的特征提取算法

在由大量原子、分子等粒子构成的系统中，粒子呈现出各种排序方式，其中，粒子间无规则排列的程度可以用熵值表示，当系统中粒子排列越"乱"时，系统的熵值就越大；系统中的内容越有序，熵值就越小。控制理论的创始人维纳曾说过："一个系统的熵，代表了它的无组织的程度的度量。"根据熵增加原理可知，对于一个孤立的封闭子系统，其熵值总是向增加的方向变化，即系统总是从有序向无序的方向进行。

另外，信息和熵存在着互补的关系，可以说，信息就是负熵，这也是关于熵的定义中负号存在的意义。它们之间的关系可以总结为，一个系统的有序程度越高，其熵值就越小，但其所含的信息量就越大；反之，系统的无序程度越高，其熵值就越大，系统所含有的信息量就越小。

随着信息理论的快速发展，利用信息理论的方法对辐射源个体信号进行特征提取成为可能。熵是用来衡量信号分布状态的不确定性和信号复杂程度的特性指标，因此，可以对信号内部蕴含的信息进行定量描述。这也为利用熵值分析法对信号的特征进行定量描述，提供了一定的理论依据。常用的信息熵有时域信息熵、频域信息熵、时频域信息熵以及复杂度信息熵等。本节将重点介绍常用的基于熵值分析法的特征提取算法，为后续的特征提取与选择提供相应的基础特征值。

2.1.1　熵特征基本定义

"熵"在信息理论中是一个至关重要的概念，它是信息不确定性的一种度量[1, 2]。设事件集合为 X，用 n 维概率矢量 $P=(p_1,p_2,\cdots,p_n)$ 来表示各个事件的概率集合，并且满足

$$0 \leqslant p_i \leqslant 1 \qquad (2.1)$$

和

$$\sum_{i=1}^{n} p_i = 1 \qquad (2.2)$$

则熵 E 可以定义为

$$E(P)=E(p_1,p_2,\cdots,p_n)=-\sum_{i=1}^{n} p_i \ln p_i \qquad (2.3)$$

因此，熵 E 可以被看作 n 维概率矢量 $P=(p_1,p_2,\cdots,p_n)$ 的函数，定义其为熵函数。由熵函数的定义可知，$E(P)$ 具有以下性质。

1. 对称性

当概率矢量 $P=(p_1,p_2,\cdots,p_n)$ 中的各分量 $p_1,p_2,\cdots,p_n$ 的顺序任意改变时，熵函数 $E(P)$ 的值不变，即熵的结果只与集合 X 的总体统计特性有关。

2. 非负性

熵函数值是一个非负值，即

$$E(p_1,p_2,\cdots,p_n) \geqslant 0 \qquad (2.4)$$

3. 确定性

若集合 X 中，只要有一个是必然事件，则其熵值必定为零。

4. 极值性

当集合 X 中，各事件均以相等的概率出现时，其熵值取最大值，即当 $p_1=p_2=\cdots=p_n=\dfrac{1}{n}$ 时，有

$$E(p_1,p_2,\cdots,p_n) \leqslant E\left(\frac{1}{n},\frac{1}{n},\cdots,\frac{1}{n}\right)=\ln n \qquad (2.5)$$

在香农熵定义的基础上，本节又引入了指数熵的定义，通过构成二维特征熵，进而对通信信号调制方式进行更好的识别。

假设某事件的概率为 p_i，则其所具有的信息量可以定义为

$$\Delta I(p_i) = e^{1-p_i} \tag{2.6}$$

根据熵的基本定义，指数熵 E 可以定义为

$$E = \sum_{i=1}^{n} p_i e^{1-p_i} \tag{2.7}$$

从式（2.6）和式（2.7）可以清楚看出，与传统的信息量 $\Delta I(p_i) = \ln(1/p_i)$ 相对比，其定义具有相同的意义。$\Delta I(p_i)$ 的定义域为 $[0,1]$，在定义域范围内，其为单调减函数，其值域为 $[1,e]$；当且仅当所有事件的概率 p_i 都相等时，熵 E 取得最大值。

熵值分析算法是利用信息的不确定性对特征进行选择的一种算法，且在使用该算法时，不必知道信号特征量的大小及其具体分布细节，计算量小，因此，是一种较为简单的特征提取算法。

2.1.2 熵特征提取算法实现步骤

针对通信信号调制方式识别中特征提取这一重要步骤，本节提出了基于熵值理论的特征提取算法，提取信号的熵特征。首先，对信号进行 FFT 和 Chirp-z 变换（CZT），在变换信号之后，求信号的香农熵、指数熵作为信号的二维特征，进而达到对信号进行识别的目的。

特征提取的具体实施步骤如下[3]。

首先，对信号进行两种变换：FFT 与 Chirp-z 变换。

其次，求取变换后的信号的频谱后，再求信号的香农熵、指数熵特征。

基于 FFT 的香农熵与指数熵特征的特征提取算法具有计算较为简单的优势，其具体计算步骤如下。

设待分类信号为 $f(i)$，首先，进行 FFT，即

$$F(k) = \sum_{i=1}^{n} f(i) \exp\left(-j\frac{2\pi}{n}ik\right), \quad k = 1,2,\cdots,n \tag{2.8}$$

求得信号频谱后，计算各个点的能量：

$$e_k = |F(k)|^2 \tag{2.9}$$

计算各个点的总能量：

$$e = \sum_{k=1}^{n} e_k \tag{2.10}$$

计算各个点的能量在总能量中所占的比例：

$$p_k = \frac{e_k}{e} = \frac{e_k}{\sum_{k=1}^{n} e_k} \tag{2.11}$$

计算香农熵：

$$E_1 = -\sum_{k=1}^{n} p_k \ln p_k \qquad (2.12)$$

计算指数熵：

$$E_2 = \sum_{k=1}^{n} p_k e^{1-p_k} \qquad (2.13)$$

有时候，人们需要计算信号某一范围内较密集的取样点的频谱，或者非等间隔采样点的频谱，甚至可能需要频谱的采样点在某一条螺旋线上，而不是在单位圆上。对于这些频谱的计算要求，离散傅里叶变换（discrete Fourier transform，DFT）已经无法满足。这些情况下，采用 Chirp-z 变换算法是一种较为有效的计算方法。

基于 Chirp-z 变换的香农熵与指数熵的特征提取算法描述如下。

（1）求解步骤与基于 FFT 的特征提取算法相同，只是在时频域变换的这一步骤，利用的是 Chirp-z 变换。由于 Chirp-z 变换的基本原理是截取原函数中特征比较明显的一段，对其进行傅里叶变换，因此能够消除傅里叶变换的零值频谱，从而减少噪声对信号的频谱的影响。

（2）把信号从时域变换到频域后，其他的计算步骤与 FFT 相同，同理，可以求得各个信号的香农熵与指数熵。

2.1.3　仿真实验与分析

首先，以 6 种模拟、数字调制信号为例——AM（幅度调制信号）、FM（频率调制信号）、PM（相位调制信号）、ASK（幅移键控）、FSK（频移键控）、PSK（相移键控），对各个信号的特征进行分类识别。对于 3 种模拟信号 AM、FM、PM，信号的参数设置如表 2.1 所示。

表 2.1　3 种模拟信号的参数设置

信号	频率 f_m /Hz	载波频率 f_c /Hz	采样频率 f_s /Hz	调制参数	幅度 A	初相 φ
AM	1.0×10^5	2.7×10^8	4.32×10^9	$a = 0.8$	1	0
FM	1.0×10^5	2.7×10^8	4.32×10^9	$k_f = 6$	1	0
PM	1.0×10^5	2.7×10^8	4.32×10^9	$k_p = 5$	1	0

对于 2 种数字信号，信号的参数设置如下。

信号的载波频率 $f_c = 2.7 \times 10^8$ Hz，码元速率 $R_b = 1.0 \times 10^5$ bit/s；对于 ASK 信号，简化为 0、1 键控；对于 FSK 信号，两个频率 $f_1 = f_c - \Delta f$，$f_2 = f_c + \Delta f$，其中，$\Delta f = 1.0 \times 10^5$ Hz。

本节提取了 6 种通信信号 AM、FM、PM、ASK、FSK、PSK 的 4 个特征，即 FFT 下的香农熵特征、指数熵特征，以及 Chirp-z 变换下的香农熵特征、指数熵特征，并将 4 个熵特征结合起来，利用分类器进行分类识别，可以达到对各种信号进行识别的目的。利用该算法提取到的信号特征，对比其他算法，具有受噪声影响较小的特点，而且其计算量较小，容易实现。基于以上 6 种信号，利用熵特征，绘制不同信号在不同信噪比下的特征值曲线，仿真结果如图 2.1～图 2.4 所示。其中，图 2.1 和图 2.2 表示 6 种通信信号在 FFT 下的香农熵特征和指数熵特征。

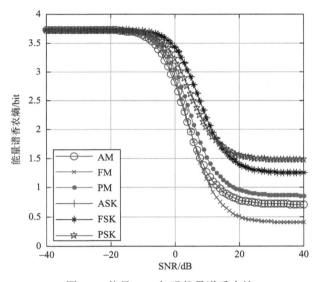

图 2.1　信号 FFT 加噪能量谱香农熵

从图 2.1 和图 2.2 的仿真结果中可以看出，在信噪比大于 20dB 时，香农熵的熵值曲线趋于平稳状态，且各个信号的熵曲线没有交叠，通过简单的阈值设定，即可以区分开 AM、FM、PM、PSK 信号，但 ASK、FSK 信号不容易区分；在信噪比大于 20dB 时，信号的指数熵曲线也趋于平稳，各个信号的熵值曲线基本没有交叠，通过设定合适的阈值，可以很容易区分开 AM、FM、PM、PSK 信号，但 ASK、FSK 信号仍然不可区分。通过两种仿真图的比较可知，基于香农熵的特征提取算法，不同信号的熵值曲线距离相对较远，相比于指数熵特征，具有更好的类间分离度。

图 2.3 和图 2.4 表示 6 种通信信号在 Chirp-z 变换下的香农熵特征和指数熵特征。其中，横坐标均表示信噪比（SNR），图 2.3 的纵坐标表示 6 种信号的 Chirp-z 变换下的能量谱香农熵，图 2.4 的纵坐标表示 Chirp-z 变换下的能量谱指数熵。

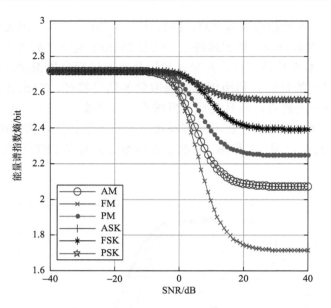

图 2.2　信号 FFT 加噪能量谱指数熵

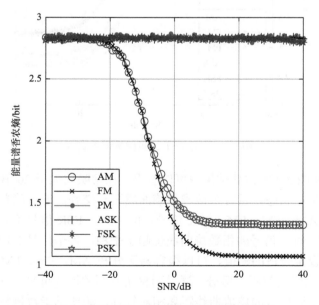

图 2.3　信号 Chirp-z 变换加噪能量谱香农熵

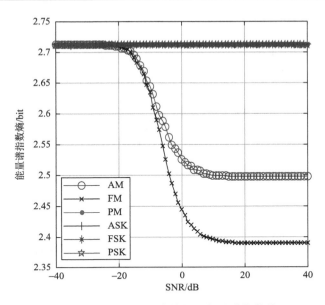

图 2.4　信号 Chirp-z 变换加噪能量谱指数熵

从图 2.3 和图 2.4 的仿真结果中可知，由于该算法是在特定需要的区间内对信号进行傅里叶变换，因此基本可以消除零频谱的影响，所以得到的频谱具有较强的抗噪性能，因此，在信噪比大于 10dB 时，信号的曲线便可以达到稳定状态，其抗噪性能要比 FFT 下得到的熵值曲线更强。但是，在平稳的状态下，PM、ASK、FSK、PSK 信号曲线几乎重合，难以通过熵值曲线的特征对这 4 种信号进行区分，但是，PM、ASK、FSK、PSK 4 种信号与 AM、FM 信号的熵值曲线具有较好的分离度，能够通过设定阈值对信号进行区分，因此，要根据待识别信号的类别，选择合适的特征，进而达到对不同的信号进行分类识别的效果。

以上已经对模拟、数字调制信号进行了类间信号识别，为了验证基于熵特征的调制信号类内识别效果，以 2PSK、4PSK、8PSK、16PSK 为例，提取 4 种信号 FFT 不同信噪比下的熵特征值曲线，仿真结果如图 2.5 和图 2.6 所示。

图 2.5 为 4 种信号 FFT 不同信噪比下的能量谱香农熵曲线，图 2.6 为 4 种信号 FFT 不同信噪比下的能量谱指数熵曲线。从仿真结果中可以看出，利用 FFT 的熵特征即可以达到对 PSK 信号进行类内识别的目的，但是，其熵值曲线只有在信噪比大于 20dB 时，才趋于稳定值且具有一定的分离度，因此，对于低信噪比的信号类内识别则难以实现分类的效果。

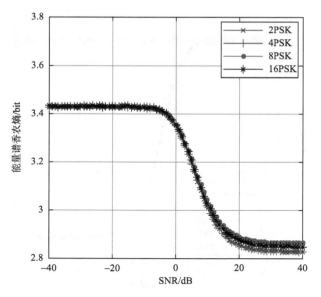

图 2.5　信号 FFT 加噪能量谱香农熵

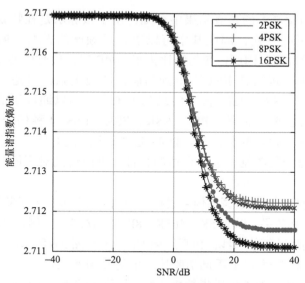

图 2.6　信号 FFT 加噪能量谱指数熵

2.2　基于 Holder 系数的特征提取算法

Holder 系数算法是由 Holder 不等式演化而来的。本节首先给出 Holder 不等式的基本定义以及 Holder 系数的由来，描述基于 Holder 系数的辐射源个体信号特征提取算法。由于在 Holder 系数的定义中,当 p、q 取值不同时,会产生多种计算结果,因此,在 Holder 系数算法的应用过程中,选择合适的 p、q 值也是该算法取得较好识别效果的关键。相像系数算法是 Holder 系数算法的一种特例,且在特征提取中应用较为广泛,目前已较为广泛地应用于雷达信号的特征选择中,并取得了一定的效果,然而,相像系数将 Holder 系数公式中 p、q 的取值局限化了,这直接影响到了提取特征值的聚类特性。本节在探讨 Holder 系数算法中,在分析 p、q 取值对提取到的不同调制信号特征参数值的特征距离影响的基础上,又提取不同的通信辐射源调制信号的 Holder 系数特征值,根据提取特征的分布特性,再采用基于自适应权重的区间灰色关联算法(将在 2.3.2 节阐述)对提取的特征进行了分类识别,并取得了较好的识别效果,这就为后续的辐射源个体识别做了充分的准备。

2.2.1 Holder 系数基本定义

Holder 不等式的定义可以描述如下。

对任意向量 $X = [x_1, x_2, \cdots, x_n]^T$,$Y = [y_1, y_2, \cdots, y_n]^T$,且 $X \in \mathbb{C}^n$,$Y \in \mathbb{C}^n$,有

$$\sum_{i=1}^{n} |x_i \cdot y_i| \leqslant \left(\sum_{i=1}^{n} |x_i|^p \right)^{\frac{1}{p}} \cdot \left(\sum_{i=1}^{n} |y_i|^q \right)^{\frac{1}{q}} \qquad (2.14)$$

恒成立,其中,$p, q > 1$,且 $\dfrac{1}{p} + \dfrac{1}{q} = 1$。

进一步,对 Holder 不等式进行以下证明。

为了使证明简单化,首先引入不等式:

$$a^{\lambda} b^{1-\lambda} \leqslant \lambda a + (1-\lambda) b \qquad (2.15)$$

式中,$a, b \geqslant 0$;$0 < \lambda < 1$。

利用分析法对该不等式进行证明。欲证明该不等式成立,只需证明:

$$\left(\frac{a}{b} \right)^{\lambda} - \lambda \left(\frac{a}{b} \right) \leqslant 1 - \lambda \qquad (2.16)$$

变量替换,令 $t = \dfrac{a}{b}$,即

$$t^{\lambda} - \lambda t \leqslant 1 - \lambda \qquad (2.17)$$

设 $f(t) = t^{\lambda} - \lambda t$,则其导数为 $f'(t) = \lambda t^{\lambda - 1} - \lambda$。

对 $f'(t)$ 进行分析可知,当 $0 < t < 1$ 时,函数为增函数;当 $t > 1$ 时,函数为减函数,所以 $f(t) \leqslant f(1) = 1 - \lambda$,因此得证。

再令 $\lambda = \dfrac{1}{p}$,$a = |x|^p$,$b = |y|^q$,且 $\dfrac{1}{p} + \dfrac{1}{q} = 1$,代入已证明不等式(2.17),即可得

$$xy \leqslant \frac{1}{p}|x|^p + \frac{1}{q}|y|^q \tag{2.18}$$

再令 $x = \dfrac{|x_i|}{\left(\sum\limits_{i=1}^{n}|x_i|^p\right)^{\frac{1}{p}}}$，$\quad y = \dfrac{|y_i|}{\left(\sum\limits_{i=1}^{n}|y_i|^q\right)^{\frac{1}{q}}}$，则

$$\frac{|x_i y_i|}{\left(\sum\limits_{i=1}^{n}|x_i|^p\right)^{\frac{1}{p}} \cdot \left(\sum\limits_{i=1}^{n}|y_i|^q\right)^{\frac{1}{q}}} \leqslant \frac{1}{p}\left|\frac{x_i}{\left(\sum\limits_{i=1}^{n}|x_i|^p\right)^{\frac{1}{p}}}\right| + \frac{1}{q}\left|\frac{y_i}{\left(\sum\limits_{i=1}^{n}|y_i|^q\right)^{\frac{1}{q}}}\right| \tag{2.19}$$

不等式（2.19）两边对 i 从 1 到 n 求和，则

$$\sum_{i=1}^{n}|x_i \cdot y_i| \leqslant \left(\sum_{i=1}^{n}|x_i|^p\right)^{\frac{1}{p}} \cdot \left(\sum_{i=1}^{n}|y_i|^q\right)^{\frac{1}{q}} \tag{2.20}$$

由此，Holder 不等式得证。

在 Holder 不等式定义的基础上，设离散正值信号 $\{f_1(i) \geqslant 0, i = 1, 2, \cdots, n\}$，$\{f_2(i) \geqslant 0, i = 1, 2, \cdots, n\}$，若 $p, q > 1$，且 $\dfrac{1}{p} + \dfrac{1}{q} = 1$，则定义两个离散信号的 Holder 系数为

$$H_c = \frac{\sum\limits_{i=1}^{n} f_1(i) f_2(i)}{\left(\sum\limits_{i=1}^{n} f_1^p(i)\right)^{1/p} \cdot \left(\sum\limits_{i=1}^{n} f_2^q(i)\right)^{1/q}} \tag{2.21}$$

式中，离散正值信号 $\{f_1(i) \geqslant 0, i = 1, 2, \cdots, n\}$，$\{f_2(i) \geqslant 0, i = 1, 2, \cdots, n\}$ 不恒为 0，且 $0 \leqslant H_c \leqslant 1$。

特殊地，当 $p = q = 2$ 时，定义其为相像系数。由以上定义可知，相像系数是 Holder 系数的一种特例。

2.2.2　Holder 系数特征提取算法实现步骤

从 2.2.1 节中 Holder 系数的基本定义可知，Holder 系数表征了两个信号之间的相似关联程度，当且仅当 $f_1^p(i) = k f_2^q(i)$，$i = 1, 2, \cdots, n$，k 为实数时，H_c 取最大值 1，其中，n 表示离散信号的点数，此时两个信号的相似关联程度最大，表征两个信号是属于同一种类型的信号；当且仅当 $\sum\limits_{i=1}^{n} f_1(i) f_2(i) = 0$ 时，H_c 取最小值 0，此时，两个信号的相似关联程度最小，表明两种信号毫不相关，为不同类型的信号。

根据以上理论分析可知，利用基于 Holder 系数的特征提取算法对不同的通信信号进行特征提取，再进行聚类分析是可能的。算法实现流程如下[4]。

（1）对待识别信号进行采样，将信号离散化为离散信号序列，再对信号进行傅里叶变换，将信号从时域转化到频域，同时，对信号进行归一化处理，预处理后的信号序列表示为 $f(i)$，$i=1,2,\cdots,n$，n 表示离散信号的点数。

（2）预处理后不同信号的谱特征具有不同的分布特性，彼此之间不完全相似，因此，选择两种参考信号序列，构成二维向量分布特征，保证不同的调制信号间具有很好的类内聚集度和类间分离度。以矩形信号序列 $s_1(i)$ 和三角信号序列 $s_2(i)$ 作为参考序列，计算待识别通信调制信号序列 $f(i)$ 与这两个参考信号序列的 Holder 系数。计算之前，首先估计信号 $f(i)$ 的频率范围，再设置矩形信号和三角信号的频率范围与之相匹配，其后具体计算过程如下。

首先利用式（2.21）计算待识别通信信号序列 $f(i)$ 与矩形信号序列 $s_1(i)$ 的 Holder 系数 H_c，即

$$H_c = \frac{\sum_{i=1}^{n} f(i)s_1(i)}{\left(\sum_{i=1}^{n} f^p(i)\right)^{1/p} \cdot \left(\sum_{i=1}^{n} s_1^q(i)\right)^{1/q}} \quad (2.22)$$

式中，矩形信号序列 $s_1(i)$ 表示为

$$s_1(i) = \begin{cases} 1, & 1 \leqslant i \leqslant n \\ 0, & \text{其他} \end{cases} \quad (2.23)$$

同理求得待识别通信信号序列 $f(i)$ 与三角信号序列 $s_2(i)$ 的 Holder 系数 H_t，即

$$H_t = \frac{\sum_{i=1}^{n} f(i)s_2(i)}{\left(\sum_{i=1}^{n} f^p(i)\right)^{1/p} \cdot \left(\sum_{i=1}^{n} s_2^q(i)\right)^{1/q}} \quad (2.24)$$

式中，三角信号序列 $s_2(i)$ 表示为

$$s_2(i) = \begin{cases} 2i/n, & 1 \leqslant i \leqslant n/2 \\ 2-2i/n, & n/2 \leqslant i \leqslant n \end{cases} \quad (2.25)$$

（3）将求得的 Holder 系数 H_c 和 H_t 组成二维联合特征向量，即 $[H_c, H_t]$，作为特征提取的结果，为后续的分类器识别做准备。

从 Holder 系数的定义公式以及基于 Holder 系数的特征提取算法中可以看出，Holder 系数的计算方法相当于对两个函数的关联程度的计算，其计算结果与三个因素有关，包括两个离散函数信号的数学表达式、离散信号的长度以及定义中 p、q 值的选择。

对于两个已知的离散信号，p、q 值的选择将会改变 Holder 系数的大小。而当 p、q 的值确定时，两个离散信号的长度 n 越大，信号的 Holder 系数就越小，这在数学基础上已经得到了证明。对于经过预处理后的相同辐射源个体信号，由于信号序列 $f(i)$ 的形式相同，且其归一化后的信号带宽相同，导致离散信号序列 $f(i)$ 的长度也相同，这时，任意选择一组 p、q 值，对于相同的辐射源个体信号，其 Holder 系数都会十分接近，这表明了 Holder 系数特征具有比较好的类内聚集度。而对于经过预处理后的不同的辐射源个体信号，由于离散信号 $f(i)$ 的形式不相同，且其归一化后的信号带宽也不同，因此，信号序列 $f(i)$ 的长度也不相同。这时，如果固定一组 p、q 值，若 $p=q=2$，即采用相像系数法，可能会导致不同信号的 Holder 系数比较相近或者完全相同，这使得所提取的特征的类间距离较小，难以达到满意的识别效果。所以，必须适当地调整 p、q 值，才能使提取的 Holder 系数特征既具有较好的类内聚集度，又具有较大的类间距离。以下的仿真实验证明了 Holder 系数法的良好特性。

2.2.3　仿真实验与分析

Holder 系数特征能够很好地反映不同通信信号的调制特性，不同调制信号的 Holder 系数特征值具有很好的聚类特性，本节恰是利用这种聚类特性对不同调制信号进行很好的分类。但是，从式（2.21）的定义中可知，Holder 系数求解过程中 p、q 值的选择直接关系到计算的结果，影响到特征的聚类程度，因此，p、q 的选择也是要解决的关键问题之一。

绘制载波频率已知的不同调制信号的 Holder 系数特征值随 p、q 值变化的曲线如图 2.7 和图 2.8 所示。

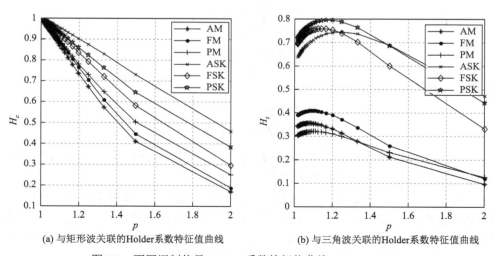

(a) 与矩形波关联的Holder系数特征值曲线　　　　(b) 与三角波关联的Holder系数特征值曲线

图 2.7　不同调制信号 Holder 系数特征值曲线（$1 < p \leqslant 2$）

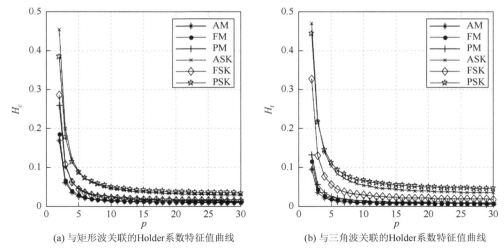

(a) 与矩形波关联的Holder系数特征值曲线　　　　(b) 与三角波关联的Holder系数特征值曲线

图 2.8　不同调制信号 Holder 系数特征值曲线（ $2 < p \leqslant 30$ ）

图 2.7 为 $1 < p \leqslant 2$ （这里取 $p = (n+1)/n$ ， $n = 1, 2, \cdots, 50$ ）时的 Holder 系数特征值变化情况，图 2.8 为 $2 < p \leqslant 30$ （这里取 $p = n$ ， $n = 2, 3, \cdots, 30$ ）时的 Holder 系数特征值变化情况，其横坐标均表示 p 值，对应图 2.8（a）中的纵坐标表示与矩形波关联的 Holder 系数特征值曲线，对应图 2.8（b）中的纵坐标表示与三角波关联的 Holder 系数特征值曲线。特殊地，当 $p = 2$ 时，其为相像系数的特征，由于 p 的取值在两个区间时曲线的变化规律不同，因此两图综合考虑了 $p > 1$ 的各种情况，从对比曲线中，即可以找到 p 、 q 的最佳取值。

对比图 2.7 和图 2.8 的曲线变化情况，选择不同信号特征值曲线距离较大时所对应的 p 值作为最终识别的 p 值，即选择最优的类内聚集度特征和类间分离度特征。利用范式距离计算，并经过反复实验验证可知，对于矩形波 Holder 系数特征值，当 $p = 2$ 时，信号具有最好的类间分离度，对于三角波 Holder 系数特征值，当 $p = 5$ 时，信号具有最好的类间分离度。此时，绘制不同信噪比下的不同调制信号的 Holder 系数二维特征曲线如图 2.9 所示。

图 2.9 中，不同调制信号的 Holder 系数二维特征值并不是一个固定的值，而是具有一定聚集度的区间值。在较高信噪比下，不同信号的区间值具有较好的类间分离度，而随着信噪比的降低，当 SNR = 0dB 时，PSK、ASK 信号的特征区间大部分交叠在一起，FM 信号与 PM、AM 信号的特征区间也存在一定的交集，当 SNR = −5dB 时，6 种信号均存在不同程度的交叉，在这种情况下，对于分类器的设计就提出了更高的要求。神经网络分类器是使用比较多的分类器，其强大的自适应能力使其广泛地应用于信号的分类；灰色关联算法应用于分类器设计也得到了较好的分类效果，且算法相对于神经网络更为简单；在普通灰色关联算法的基

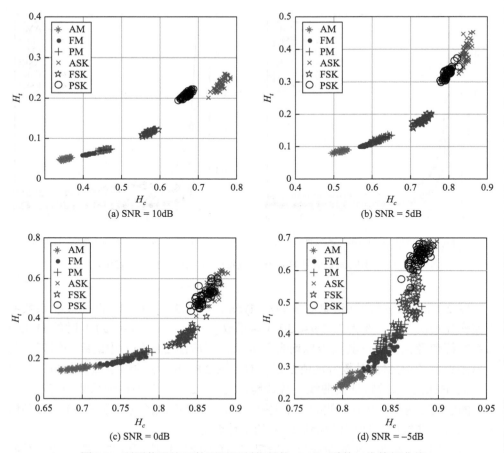

图 2.9　不同信噪比下的不同调制信号的 Holder 系数二维特征曲线

础上，改进灰色关联算法[5]具有较高的抗噪性能，在低信噪比下相对于普通灰色关联算法具有更好的识别效果。针对已经提取特征的分布特性，提出了改进区间灰色关联算法（将在 2.3.2 节阐述）对不同调制信号进行分类识别，并与以上方法进行了对比，仿真结果如图 2.10 所示。

　　从图 2.10 的识别准确率对比中可知，当信噪比较高、不同调制类型的通信信号具有较好的分离度时，4 种分类器算法均可以达到 100%的识别准确率；当信噪比降低时，不同调制类型的通信信号的特征区间存在一定的交叠，随着交叠的逐渐增大，普通灰色关联和神经网络的算法识别准确率迅速下降，而改进区间灰色关联算法对于具有一定特征交叠范围的信号仍可以保持较高的识别准确率。

　　为了验证 p、q 的取值性能，本实验选取了 3 组 p、q 值，对应仿真了不同信噪比下对不同通信调制信号的识别准确率曲线如图 2.11 所示，其中，p_1 表示与矩形波关联的 Holder 系数 p 值，p_2 表示与三角波关联的 Holder 系数 p 值。

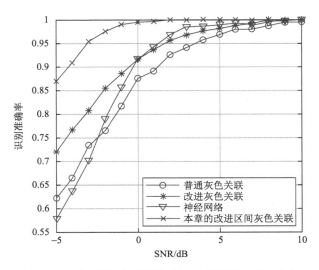

图 2.10 不同算法在不同信噪比下的信号识别准确率

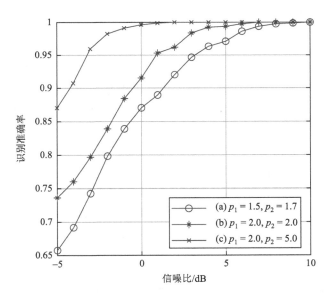

图 2.11 不同 p、q 取值在不同信噪比下的信号识别准确率

　　曲线（a）的 p 值是根据图 2.7 中不同类型通信信号范式距离较大的 p 值所选择的；曲线（b）的 p 值是根据 Holder 系数函数中的特例相像系数的定义所确定的；曲线（c）是结合图 2.7 和图 2.8 计算范式距离最大所选择的最优 p 值。从仿真图中可以看出，在不同信噪比下其识别准确率是最高的，且在较大的信噪比变化范围内，其识别准确率相对稳定。

2.3　分类器设计算法

如今，通信电磁环境越来越复杂，信号和噪声的种类也越来越多，要想获得较高的识别准确率，除了需要提取在较低信噪比下仍比较稳定的特征参数外，分类器的设计选择也非常关键。

分类器设计模块是通信调制信号识别的最后一个环节，也是非常重要的一个环节[6]。它的主要作用是，根据特征提取模块提取的特征向量，建立相应的决策规则，从而实现对待识别对象的分类识别。在提取信号基本特征向量的基础上，设计有效的分类器，是辐射源个体识别系统的核心任务之一。

至今，分类器的设计从原理上讲，大体上可以分为四类：基于概率方法、基于相似性思想方法、基于优化准则原理以及基于核函数方法的分类器。

基于概率方法的分类器主要是通过概率的方法对信号进行分类决策，该算法建立在概率决策理论及其代价值量化折中衡量的基础之上。常见的基于概率方法的分类器主要有基于贝叶斯决策理论的分类器、逻辑分类器以及基于隐马尔可夫模型的分类器等。

基于相似性思想方法的分类器主要是根据同类相聚的基本原理，对于相似的样本，则认为属于同一类别，其一般的识别过程是，首先确定一个能够衡量信号相似性的测度准则，然后利用每类信号的原型，通过最近邻、模板匹配等原理对辐射源个体进行分类。其中，常用到的分类器有最近线性组合分类器、最小距离分类器、最近邻分类器等。

基于优化准则原理的分类器是以实现某种准则的最优化为目的而进行训练进而实现分类识别的决策分类器，一般采用的优化准则有最小化错误率、最小均方误差等。基于优化准则原理的典型分类器有单层感知器、线性判别分类器、Fisher分类器等。现在应用较为广泛的神经网络分类器也可以归类到此类分类器，支持向量机（support vector machine，SVM）分类器也可属此类，优化准则的选取决定着分类器的最终识别效果。

基于核函数方法的分类器算法由满足 Mercer 条件的核函数来表达特征空间中各个特征的内积值，进而实现数据的升维映射。在此类分类器设计中，涉及的样本要以内积形式出现，进而引入核函数。基于核函数的分类器主要有核Fisher分类器、支持向量机分类器、核最近邻分类器等。

辐射源个体识别过程实际上是一个模式分类识别的过程，而本节所介绍的分类器设计对通信调制信号的识别起着非常重要的作用。好的分类器需要具有较强的分类能力、自适应能力以及泛化能力。一方面，当分类的能力能够达到限定的要求时，就要求分类器对通信调制信号类间的特征变化敏感，而对类内的特征变化不敏感，这种分类器的泛化能力就比较强；另一方面，当类内的特征发生变化时，要求分类器同样具有一定的分类能力。

　　基于以上提出的几种分类器的特性，本节对目前应用较多的神经网络分类器进行了简单介绍，同时针对具有交叠特征参数的信号，提出了基于灰色关联理论的分类器设计算法，并对相应的算法进行了改进，对比仿真了几种分类器设计算法在不同信噪比下，对具有交叠特性特征参数的信号的分类识别效果，为工程应用中具有部分交叠特征信号的分类问题提供了很好的理论依据。

2.3.1　灰色关联理论基本算法

　　灰色关联理论的研究是灰色系统理论研究的基础，是一种新的系统分析算法。灰色关联算法是一种对系统的变化及发展的态势进行定量描述与比较的方法。主要根据空间数学基础理论，按照灰色关联理论的四个公理原则，即规范性、整体性、接近性和偶对称性，计算参考序列与各个比较序列的关联度。寻找出影响目标发展特征的关键因素以及系统中各个因素之间的关系，促进系统迅速且有效的发展是灰色关联理论研究的重要目的。灰色关联分析的基础是计算参考点和比较点间的距离，从距离的计算中找出各个因素间的接近性与差异性，或是基于各个行为序列因子的微观与宏观的几何接近，通过分析各个因子和确定因子之间的影响程度以及该因子对行为序列的贡献测度，从而进行分析。其主要目的是，对行为序列的态势发展以及变化进行分析，即对系统的动态和发展过程的量化进行分析。

　　总之，灰色关联理论从思想及方法上来看，属于几何问题处理的范围，但从实质上看，是对关联系数的分析，即对能够反映各个因素的变化特征的数据序列进行几何比较的一个过程，首先，求取待识别的序列特征和数据库中已经存储的理想序列特征的关联系数，关联度的计算需要对关联系数进行加权平均，最后根据关联度的大小，判断待识别信号序列所属的类别。这种对关联度模糊计算的方法，相对于传统精确数学的计算方法具有更大的优势，它通过模型化、概念化所要表达的观点、要求，使得所研究的灰色对象在结构和关系上由"黑"变成"白"，使这种不明确的因素转化成明确的数值。灰色关联算法突破了传统的精确数学中不容许模棱两可的因素存在的约束，具有计算简便，原理简单，排序明确，对数据分布的类型、顺序以及各个变量之间的相关类型没有特殊要求等特点，因此，具有非常大的实际应用价值。

1. 普通灰色关联算法

有时候，人们可以用颜色的深浅来表示信息的确定程度。通常用"黑"表示对信息的未知，用"白"表示对信息完全明确。因此，用"灰"表示对部分信息的明确和对部分信息的未知。于是，人们把这种对信息的不确定的系统称为"灰色系统"。灰色关联理论的基础思想是，对一个系统的变化及发展态势进行定量描述和比较的方法。假设系统的行为序列为

$$X_0 = \begin{bmatrix} x_0(1) \\ x_0(2) \\ \vdots \\ x_0(n) \end{bmatrix}, X_1 = \begin{bmatrix} x_1(1) \\ x_1(2) \\ \vdots \\ x_1(n) \end{bmatrix}, \cdots, X_i = \begin{bmatrix} x_i(1) \\ x_i(2) \\ \vdots \\ x_i(n) \end{bmatrix}, \cdots, X_m = \begin{bmatrix} x_m(1) \\ x_m(2) \\ \vdots \\ x_m(n) \end{bmatrix} \quad (2.26)$$

式中，X_0 代表参考序列；$X_1, X_2, \cdots, X_m$ 代表比较序列。

令

$$\xi(x_0(k), x_i(k)) = \frac{\min\limits_i \min\limits_k |x_0(k) - x_i(k)| + \rho \cdot \max\limits_i \max\limits_k |x_0(k) - x_i(k)|}{|x_0(k) - x_i(k)| + \rho \cdot \max\limits_i \max\limits_k |x_0(k) - x_i(k)|} \quad (2.27)$$

$$\xi(X_0, X_i) = \frac{1}{n} \sum_{k=1}^{n} \xi(x_0(k), x_i(k)) \quad (2.28)$$

式中，定义 $\rho \in (0,1)$ 为分辨系数，通常取值为 0.5。$\xi(X_0, X_i)$ 称为 X_0 与 X_i 的灰色关联度，常简记为 ξ_{0i}，k 点关联系数 $\xi(x_0(k), x_i(k))$ 简记为 $\xi_{0i}(k)$。

对于实数 $\xi(x_0(k), x_i(k))$，根据以上定义，$\xi(X_0, X_i) = \frac{1}{n} \sum_{k=1}^{n} \xi(x_0(k), x_i(k))$，则其满足以下特性。

（1）规范性：

$$0 < \xi(X_0, X_i) \leqslant 1 \quad (2.29)$$

$$\xi(X_0, X_i) = 1 \Leftarrow X_0 = X_i \quad (2.30)$$

（2）整体性：对于 $X_i, X_j \in X = \{X_s \mid s = 0,1,2,\cdots,m, m \geqslant 2\}$，有

$$\xi(X_i, X_j) \neq \xi(X_j, X_i), \quad i \neq j \quad (2.31)$$

（3）偶对称性：对于 $X_i, X_j \in X$，有

$$\xi(X_i, X_j) = \xi(X_j, X_i) \Leftrightarrow X = \{X_i, X_j\} \quad (2.32)$$

（4）接近性：$|x_0(k) - x_i(k)|$ 越小，$\xi(x_0(k), x_i(k))$ 越大。

以上可以简称为灰色关联四公理。

在灰色关联的四个公理中，$\xi(X_0, X_i) \in (0,1]$ 表明，系统中的任何两个离散序列都具有一定的关联性，不可能严格不相关。

整体性体现了周围环境对灰色关联度的影响，不同的环境，灰色关联度也不同。因此，对称性不一定完全满足。

偶对称性表明了若灰色关联序列集中只有两个序列，则两两比较，满足对称性。

接近性则是对关联度量化的一个约束。

由此可以得到灰色关联度的计算过程如下。

首先，求各序列的初值像（或均值像），即

$$X_i' = \frac{X_i}{x_i(1)} = \begin{bmatrix} x_i'(1) \\ x_i'(2) \\ \vdots \\ x_i'(n) \end{bmatrix}, \quad i = 0,1,2,\cdots,m \tag{2.33}$$

其次，求差值序列，即

$$\Delta x_i'(k) = x_0'(k) - x_i'(k), \quad i = 1,2,\cdots,m \tag{2.34}$$

再次，求两个极大差与极小差，再求取关联系数值，即

$$\xi(x_0'(k),x_i'(k)) = \frac{\min_i \min_k |x_0'(k) - x_i'(k)| + \rho \cdot \max_i \max_k |x_0'(k) - x_i'(k)|}{|x_0'(k) - x_i'(k)| + \rho \cdot \max_i \max_k |x_0'(k) - x_i'(k)|} \tag{2.35}$$

式中，$\rho \in (0,1)$；$k = 1,2,\cdots,n$；$i = 1,2,\cdots,m$。

最后，计算序列之间的关联度值，即

$$\xi(X_0',X_i') = \frac{1}{n}\sum_{k=1}^{n}\xi(x_0'(k),x_i'(k)), \quad i = 1,2,\cdots,m \tag{2.36}$$

则 $\xi(X_0',X_i')$ 表示各序列之间的关联程度，即表示各序列之间的相似度大小。

根据以上灰色关联理论的定义可知，灰色关联理论具有以下基本特征。

（1）总体性。

关联度虽然描述的是离散序列之间的远近相似程度，但它重点强调的是几个离散序列与一个离散序列的远近相似程度，即各个因素之间的关联度值的大小并不是最重要的，重要的是要比较各个子序列对母序列的影响程度，即排出不重要的关联序。灰色关联理论的总体性特点突破了一般理论中经常用到的两两因素相对比的结构框架，而是把各个因素统一放置于灰色系统中，进行计算比较和分析，具有更为广泛的应用价值。

（2）非对称性。

客观世界之中，各个因素之间都存在着复杂的联系，在相同的系统中，相对于 A 因素，B 因素与之具有最紧密的关系，但对于 B 因素，A 因素不一定是与之关系最紧密的因素。

A 对 B 的关联度并不等价于 B 对 A 的关联度。非对称性的特点比较客观地反

映了不确定系统中各个因素之间的真实灰色关系，从这方面来讲，灰色关联理论相对于数理统计分析理论具有更进一步的发展。

（3）非唯一性。

关联度值的计算与子序列、母序列的选择以及对原始数据的处理方法、数据值的多少、分辨系数的选择等因素均密切相关。

（4）有序性。

灰色关联理论的研究对象主要是离散的系统变量，即离散时间序列。和相关分析不同的是，离散序列中的数据不能任意交换位置，更不能颠倒时间顺序，否则将会改变原有序列的基本性质。

2. 区间灰色关联算法

通信环境的复杂性以及各种各样噪声的存在，导致提取到的特征值往往不是一个固定的值，而是在一定的范围内变化，从而形成一个特征区间，很难用普通灰色关联算法来进行分类，因此，引入了区间灰色关联的概念。通常情况下，在得到信号的特征区间矩阵后，首先要对得到的特征区间矩阵进行无量纲化处理，但是，无量纲化处理在一定程度上会使变化范围较小的特征量与变化范围较大的特征量的影响等同化，同时，也会相应地增加计算量。因此，当参考矩阵属于同一个数量级时，可以不进行无量纲化处理，直接利用区间相离度公式进行区间距离的计算。

算法的具体计算流程描述如下。

首先定义特征区间矩阵为

$$C_1 = \begin{bmatrix} [c_1^{\min}(1), c_1^{\max}(1)] \\ [c_1^{\min}(2), c_1^{\max}(2)] \\ \vdots \\ [c_1^{\min}(n), c_1^{\max}(n)] \end{bmatrix}, \cdots, C_j = \begin{bmatrix} [c_j^{\min}(1), c_j^{\max}(1)] \\ [c_j^{\min}(2), c_j^{\max}(2)] \\ \vdots \\ [c_j^{\min}(n), c_j^{\max}(n)] \end{bmatrix}, \cdots, C_m = \begin{bmatrix} [c_m^{\min}(1), c_m^{\max}(1)] \\ [c_m^{\min}(2), c_m^{\max}(2)] \\ \vdots \\ [c_m^{\min}(n), c_m^{\max}(n)] \end{bmatrix}$$

（2.37）

式中，m 表示已知的信号种类；n 表示特征参数的个数；$c_m^{\min}(n)$ 表示第 m 类调制信号的第 n 个特征值波动范围的最小值；$c_m^{\max}(n)$ 表示第 m 类调制信号的第 n 个特征值波动范围的最大值。

设某一待识别信号 X_i 的第 n 个特征的特征区间为 $[x_i^{\min}(n), x_i^{\max}(n)]$，则其与已知信号特征区间的区间相离度定义为

$$d_{ij}(n) = \frac{1}{\sqrt{2}} \sqrt{(c_j^{\min}(n) - x_i^{\min}(n))^2 + (c_j^{\max}(n) - x_i^{\max}(n))^2}$$

（2.38）

根据灰色关联基础理论，可以得到 X_i 和 C_j 的第 k 个特征的区间灰色关联系数为

$$\xi(x_i(k), c_j(k)) = \frac{\min_j \min_k d_{ij}(k) + \rho \cdot \max_j \max_k d_{ij}(k)}{d_{ij}(k) + \rho \cdot \max_j \max_k d_{ij}(k)} \qquad (2.39)$$

式中，$\rho = 0.5$。由此依次计算 $\xi(x_i(k), c_j(k))$ $(k = 1, 2, \cdots, n; j = 1, 2, \cdots, m)$的值，可以构成区间关联系数矩阵：

$$\xi_{ij} = \begin{bmatrix} \xi_{i1}(1) & \xi_{i1}(2) & \cdots & \xi_{i1}(n) \\ \xi_{i2}(1) & \xi_{i2}(2) & \cdots & \xi_{i2}(n) \\ \vdots & \vdots & & \vdots \\ \xi_{im}(1) & \xi_{im}(2) & \cdots & \xi_{im}(n) \end{bmatrix}, \qquad j = 1, 2, \cdots, m \qquad (2.40)$$

由此，灰色关联度可以计算为

$$\xi(X_i, C_j) = \frac{1}{n} \sum_{k=1}^{n} \xi(x_i(k), c_j(k)), \quad j = 1, 2, \cdots, m \qquad (2.41)$$

求得 X_i 与已知信号库中的每一个 C_j $(j = 1, 2, \cdots, m)$的关联度 $\xi(X_i, C_j)$ $(j = 1, 2, \cdots, m)$后，就可以将 X_i 分类至最大关联度所属的信号类别。

由理论分析可知，区间灰色关联算法相对于普通灰色关联算法，对低信噪比下具有部分交叠特征的特征参数具有更好的识别效果，但相对于普通灰色关联算法，相应地增加了一定的计算量。

2.3.2　改进灰色关联算法

灰色关联算法的基本原理是通过计算两组数据序列的关联度值，进而实现对信号的分类识别。2.3.1 节介绍的是普通灰色关联算法，虽然在计算信号的关联值进而对信号进行识别时，具有一定的识别效果，但是，该算法的自适应能力较差，在计算信号序列的关联值时，对信号的特征并不具有选择性，若信号序列中存在着野值点，即信号序列中存在误差特征或者某些特征值并不具有代表性，此时，会影响信号的整体关联度值的计算，进而影响最终的识别效果。针对以上问题，本节提出改进灰色关联算法[7]，分别对普通的灰色关联算法和区间灰色关联算法进行改进，进而提高灰色关联算法的自适应能力，即自动对特征进行选择的能力，从而提高分类器的分类性能，对信号达到更好的识别效果。

1. 改进自适应均值样本灰色关联算法

对于具有标准样本值特征的信号，可以直接利用普通的灰色关联理论进行计算。但是，在复杂的电磁环境下，我们常常不能得到一个确定的样本值作为某种信号的标准样本值，信号的特征参数值往往是在一定的范围波动的，这样，在进行关联计算时，标准样本值的选取成为分类器设计的关键问题。通常情况下，我们会以可能取到的某一个特征值作为参考值来对待识别特征进行分类，但是，在这种情况下，参考特征值的选取具有一定的随机性。特征值选取得好坏直接影响到最终分类器的识别结果。由此，引入了改进自适应均值样本灰色关联算法。

假设某信号的特征参数集合 C 的某一个特征值 $c(k)$ 可能的特征值取值为 $c^i(k)$，$i=1,2,\cdots,p$，且对于任意 i、j，$c^i(k) \neq c^j(k)$，这样，取可能取到的 p 个特征值的均值作为该特征的标准参考值，即

$$\overline{c}(k) = \frac{c^1(k) + c^2(k) + \cdots + c^p(k)}{p} \tag{2.42}$$

理论分析可知，相对于随机选取参考样本，选择特征值均值作为参考数列，具有更好的稳定性，当然，当不同信号的参数值交叠太大时，即均值样本比较接近时，算法的识别准确率会迅速下降，因此，该算法对于样本的类间距离具有一定的要求。

改进自适应均值样本灰色关联算法是在改进均值样本关联算法的基础上，结合信息论理论中剩余度的概念，首先处理特征参数的距离 $|\Delta x_{ij}(k)| = |x_i(k) - c_j(k)|$，具体如下：

$$p_{ij}(k) = |\Delta x_{ij}(k)| \Big/ \sum_{j=1}^{m} |\Delta x_{ij}(k)| \tag{2.43}$$

式中，m 表示信号的种类。引入信息熵 $E_i(k)$：

$$E_i(k) = -\sum_{j=1}^{m} p_{ij}(k) \ln p_{ij}(k) \tag{2.44}$$

计算最大信息熵值 $E_{\max}$：

$$E_{\max} = \left(-\sum_{j=1}^{m} p_{ij}(k) \ln p_{ij}(k) \right)_{\max} = -\sum_{j=1}^{m} \frac{1}{m} \ln \frac{1}{m} = \ln m \tag{2.45}$$

计算相对信息熵值 $e_i(k)$：

$$e_i(k) = E_i(k) / E_{\max} \tag{2.46}$$

参考信息论中剩余度的概念，定义第 k 个特征参数的剩余度 $D_i(k)$：

$$D_i(k) = 1 - e_i(k) \tag{2.47}$$

剩余度的本质意义在于消除第 k 个特征参数的熵值与特征参数的最优熵值的差别。若 $D_i(k)$ 越大，则第 k 个特征参数更为重要，应当赋予更大的权重。

最终，计算得到第 k 个特征参数的权重系数 $a_i(k)$：

$$a_i(k) = D_i(k) \Big/ \sum_{k=1}^{n} D_i(k) \tag{2.48}$$

式中，$\sum_{k=1}^{n} a_i(k) = 1$，$a_i(k) \geqslant 0$。

然后通过将权重系数乘以相应的关联系数来计算关联度：

$$\xi(X_i, C_j) = \frac{1}{n} \sum_{k=1}^{n} a_i(k) \cdot \xi(x_i(k), c_j(k)) \qquad (2.49)$$

在统计学的角度，偏差越大的特征越能反映各个类别间的差异，因此，可以认为，特征的差别程度越大，该特征越重要。对不同差异的特征，赋予各个特征不同的权重，即给差异更大的特征分配更大的权重，相反，给差异小的特征分配小的权重，这样，灰色关联度算法具有了一定的自适应力，具有更好的分类识别效果。

2. 改进自适应区间灰色关联算法

由于通信信号的复杂性和噪声的不确定性以及在计算时存在一定的误差，计算出的特征值往往得不到精确的数值，而是在一定的区间内稳定变化，只能以区间数来表示，由此利用前面提出的区间灰色关联算法往往可以达到比较好的识别效果，但是，这种算法平均了各个特征的贡献，不能对各个特征进行最优选择。为了提高该算法的自适应性能，本节提出了改进自适应区间灰色关联算法对特征参数的权重进行了计算调整，对关联系数矩阵的各个系数值赋予相应权重，给予类内聚集度大、类间分离度大的特征以较大的权重，反之，给予类内聚集度小、类间分离度小的特征以较小的权重，这样，增加了权重设置这一步骤，可以对通信调制信号进行更好的分类，提高了算法对提取特征的重要程度的适应能力，这种对特征区间进行分类识别的算法相对于传统的基于神经网络的分类器设计，具有更好的识别效果。

区间灰色关联值的算法与 2.3.1 节中的计算方法相同，可以得到关联系数矩阵 ξ_{ij} 如式（2.40）所示。

权重值 $a_i(k)$ 的算法与 2.3.2 节中的计算方法相同，最后，相应地对普通区间关联算法赋予权重值的计算公式如式（2.49）所示。

此时得到的区间灰色关联度 $\xi(X_i, C_j)\,(j = 1, 2, \cdots, m)$ 具有一定的自适应能力，相对于普通的区间灰色关联算法具有更好的识别效果。

2.3.3　神经网络分类器

近年来，分类器的设计一直是雷达辐射源信号识别中亟待解决的问题，目前，也是机器学习领域、人工智能领域以及模式识别领域中的关键课题。传统的分类器主要采用的是基于贝叶斯准则的分类器、决策树分类器、基于最小距离的分类器、最近邻分类器以及线性分类器等，但是，这些算法具有计算量较大、消耗时间相对较多以及低信噪比下识别准确率低的缺陷，而且往往需要专家进行校验。其中，使用最多的基于决策理论的识别算法，主要存在以下三个问题。

（1）该算法对不同的辐射源个体进行识别时，均采用了相同的特性参数，不同的是这些特性参数所处的判决位置不同，这就导致了在相同的信噪比条件下，识别的结果不同。

（2）在各个判决节点，只使用一个特征量来进行判决，这就导致了识别效果的好坏不仅与特征量使用的先后顺序有关，而且和每个个体特征的单次识别效果密切相关，直接影响最终的识别结果。

（3）对于每一个特征都需要设置一个相应的判决门限，而判决门限的选取直接影响最后的识别效果。

20 世纪末，神经网络分类器开始逐渐成为人工智能领域、机器学习领域与模式识别领域研究的重点话题，是一种关键的分类工具。近年来，关于神经网络分类器的研究成果表明，它是替代传统分类器的一种有效工具，主要原因在于神经网络具有以下优点。

（1）神经网络是利用数据驱动的自适应算法，它不需要任何隐含模型的函数和分布形式的假设说明，能够自动进行调节，从而适应不同的数据集。

（2）神经网络是一种普适的函数逼近器，能够以任意的精度逼近任意函数。任何分类的过程都是寻找对象属性和类别之间的函数关系，因此，对这种隐藏的函数关系进行分辨是很重要的。

（3）神经网络是一种非线性模型，在实际应用中，对一些复杂关系的建模具有非常大的灵活性。

（4）神经网络能够对后验概率进行估计，从而为建立合适的分类规则以及进行合理的统计分析提供较好的基础。

神经网络分类器与传统分类器的区别在于，神经网络分类器在每次判决时，使用的是全部特征量，而不是其中的某一个特征量，这就导致系统的最终识别结果与参数的整体性能密切相关。此外，神经网络在判决门限上是自动选取的，对门限的选取还具有一定的自学习和自适应的能力，进而获得较高的识别准确率。虽然每个神经元的结构比较简单且功能有限，但是整个神经网络系统可以实现的功能很强大，它具有对复杂算法进行运算的能力以及自适应的学习能力，且该算法还具有很强的容错能力和稳健性，适合于在各个领域进行综合应用和推广。

虽然神经网络具有以上优点，但是，它也存在一定的缺点。神经网络具有相对较强的模式识别能力，能在高维的模式空间中，形成一个复杂的判决曲面，并且，其具有比较好的容错能力、泛化能力。但是，神经网络不可以对输入的数据或特征进行简化或优选，当输入数据具有较高的维数时，网络结构非常复杂，这就需要较长的训练时间。目前，各个领域的学者针对这一问题，对神经网络算法进行了一定的改进，通过对神经网络输入的数据向量进行预处理，提取输入数据中的关键值作为神经网络的输入,通过把高维数据转化为低维数据,简化神经网络络的结构,缩短训练的时间,最终提高分类器的泛化能力。

虽然许多学者对神经网络存在的缺点具有相应的改进算法,但在实际的应用中,神经网络仍然有许多并没有成功解决或者完全解决的问题。在神经网络中,各个神经元行为的数学描述都用一个多变量的、非线性的函数方程来表示,这样,由多个神经元组成的网络构成了很难用数学进行分析计算的、具有多个变量的非线性方程组,这就成了限制神经网络深入发展的一个至关重要的难题。目前神经网络中存在的一些关键问题仍没有得到彻底的解决,例如,关于网络结构的确定问题、过学习及欠学习的问题、存在局部极小值的问题等。这就促使大量的学者对神经网络更深一步的研究。

1. 人工神经元模型

人工神经元是人工神经网络组成的基本单元,也是人工神经网络操作处理的基本信息单位。它的模型如图 2.12 所示。

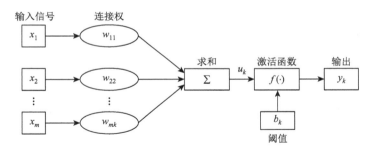

图 2.12 人工神经元模型

人工神经网络的工作流程可以分为两个阶段:首先是学习的过程,该过程中,各个计算单元的状态不变,通过训练学习,修正各个连线上的权值;其次是工作的过程,该过程中,各个连接的权值固定,但是各计算单元的状态随着工作的状态逐渐变化,进而达到某种稳定的状态。

2. 常用神经网络学习算法

神经网络主要可以分为两大类:前向型神经网络与反馈型神经网络。

目前,最常用到的反馈型神经网络是 Hopfield 神经网络。反馈型神经网络通过利用能量函数的极小点,总共可以分为两类:第一类是利用全局的极小值,用来求解最优化的问题;第二类是对所有能量函数的极小值都进行利用,主要用于各种联想存储器。

最常用到的前向型神经网络是基于多层感知器（multilayer perceptron，MLP）的神经网络，基于 MLP 神经网络的训练算法是著名的反向传播（back propagation，BP）算法，是一种典型的具有监督训练的算法。BP 算法的基本思想是，把一组数据的输入、输出问题，转换为一个非线性优化的问题，用优化算法中普遍使用的梯度下降算法，从而实现网络的真实输出和期望输出间的均方差（mean square error，MSE）最小化，进而完成基于 MLP 神经网络要实现的训练任务。

BP 算法是有导师的自动学习算法的突出代表之一，它的主要思想是，把整个学习过程分为四个过程：第一个过程是"模式顺传播"，是输入模式从输入层经过隐含层进而传向输出层的过程；第二个过程是"误差逆传播"，是误差信号从输出层经过隐含层，进而向输入层逐层进行修正连接权值的过程，这里的误差信号是指网络的期望输出与真实输出之间的差值；第三个过程是"记忆训练"，主要是指"模式顺传播"与"误差逆传播"进行反复交替的过程；第四个过程是"学习收敛"，过程中，神经网络逐渐趋于收敛，即网络的全局误差逐渐趋向于极小值。

3. BP 算法学习过程的具体步骤

BP 神经网络的建立步骤如图 2.13 所示。BP 神经网络是一种多层前馈神经网络，该网络的主要特点是信号前向传递，误差反向传播。在前向传递中，输入信号从输入层经隐含层逐层处理，直至输出层。每一层的神经元状态只影响下一层神经元状态。如果输出层得不到期望输出，则转入反向传播，根据预测误差调整网络权值和阈值，从而使 BP 神经网络预测输出不断逼近期望输出。在这里以三层 BP 神经网络来分析 BP 算法的具体计算步骤。设 w_{ji} 是隐含层的第 j 个神经元和输入层的第 i 个神经元间的连接权值，b_k 是输出层神经元的阈值，θ_j 是隐含层神经元的阈值，v_{kj} 是隐含层的第 j 个神经元和输出层的第 k 个神经元间的连接权值。

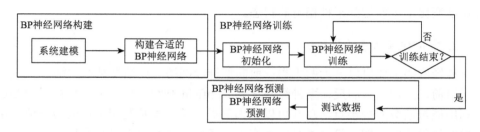

图 2.13　BP 神经网络的建立

1）正向传播过程

输入层：单元 i 的输出值 o_i 等于其输入值 x_i。

隐含层：对于第 j 个隐含单元，其输入值 net_j，是前一层各个单元的输出值 o_i 的加权值求和

$$\text{net}_j = \sum_i w_{ji} o_i + \theta_j \tag{2.50}$$

则其输出值为

$$\alpha_j = f(\text{net}_j) \tag{2.51}$$

式中，f 为 Sigmoid 函数：

$$f(x) = \frac{1}{1 + e^{-x}} \tag{2.52}$$

从数学的角度来看，S 型函数具有可微分的性质。之所以选用 S 型函数作为 BP 神经网络的激活函数，是因为 S 型函数更接近于生物神经元信号的输出形式。同时，BP 算法要求网络的输入、输出函数具有可微分的性质，而 S 型函数不仅满足可微分的性质，而且满足饱和非线性的特性，这就增加了网络自身的非线性映射能力。

S 型函数的导数可以用它自身来表示，这是它的重要特征之一。其导数为

$$f'(x) = \frac{0 - e^{-x}(-1)}{(1 + e^{-x})^2} = \frac{1}{(1 + e^{-x})^2}(1 + e^{-x} - 1)$$

$$= \frac{1}{1 + e^{-x}}\left(1 - \frac{1}{1 + e^{-x}}\right) = f(x)(1 - f(x)) \tag{2.53}$$

输出层：相同地，对于第 k 个单元的输出，其输入值是它的前一层各个单元的输出值的加权和

$$\text{net}_k = \sum_j v_{kj} \alpha_j + b_k \tag{2.54}$$

则其输出值为

$$y_k = f(\text{net}_k) \tag{2.55}$$

2）反向传播过程

首先，定义误差函数为 e_p，则

$$e_p = \frac{1}{2} \sum_k (t_k - y_k)^2 \tag{2.56}$$

BP 算法采用的是梯度下降法来调整权值，每次的调整量为

$$\Delta W = -\eta \frac{\partial e_p}{\partial W} \tag{2.57}$$

式中，η 是学习速率，且 $0 < \eta < 1$。由此，可以得到权值的修正量公式。

输出层和隐含层间的权值可表示为

$$\Delta v_{kj} = \eta \delta_k \alpha_j \qquad (2.58)$$

式中，$\delta_k = \alpha_j(1-\alpha_j)\sum_j \delta_k v_{kj}$。

隐含层和输入层间的权值可表示为

$$\Delta w_{ji} = \eta \delta_j o_i \qquad (2.59)$$

式中，$\delta_j = o_i(1-o_i)\sum_i \delta_j w_{ji}$。

总结以上的权值修正公式，可以得出

$$[权值修正量] = [学习步长] \times [局部梯度] \times [单元的输入信号] \qquad (2.60)$$

BP 算法之所以能成为多层前馈神经网络的重要学习方法之一，是因为该算法的推导过程非常严谨，并且通用性较强，具有坚实的理论依据。

4. 神经网络的特点

神经网络的基本属性反映了神经网络的基本特点，这主要表现在以下几个方面。

1）并行分布式处理

神经网络具有一定高度的并行结构以及并行实现的能力，具有高速的寻找优化解的能力，它能够实现计算机高速运算的能力，进而可以快速地找到优化解。

2）非线性处理

生物的思维都是非线性的，因此，神经网络模拟生物的思维也是非线性的结构。这一特征有助于处理实际中的非线性问题。

3）具有自学习功能

通过对已有的历史数据的学习、训练，得到一个具有归纳全部数据的神经网络，其自动学习的功能对于网络输出的预测具有非常重要的意义。

基于神经网络的以上特点，神经网络分类器具有强大的模式识别能力，并且具有很好的自主适应环境变化的能力，能够很好地处理较为复杂的非线性识别问题。于是，神经网络以较强的鲁棒性与潜在的容错能力，使得其在辐射源个体信号分类器的设计上得到了非常广泛的应用。

本节主要用自适应能力较强的神经网络分类器与几种改进的灰色关联分类器（gray relation algorithm，GRA）进行对比，重点在于对不同的灰色关联分类器的深入讨论，探讨在低信噪比下具有部分交叠参数特征的分类器设计选择方法的性能，并针对不同的情况优选较好的分类器。

2.3.4　仿真实验与分析

复杂电磁环境下，提取到的特征参数具有一定的波动性，其分布特征往往形成一定的区间，因此，我们提出了 5 种分类器设计方法，并重点对基于灰色关联理论的分类器设计算法进行了深入探讨，同时，对具有部分交叠特征的特征参数进行了分类识别，并与自适应能力较强的神经网络分类器进行了仿真对比，计算出了不同分类器的分类识别准确率以及运算时间，仿真结果如下。

首先，以 6 种模拟、数字调制信号为例——AM（幅度调制信号）、FM（频率调制信号）、PM（相位调制信号）、ASK（幅移键控）、FSK（频移键控）、PSK（相移键控），对各个信号的特征进行分类识别。对于 3 种模拟信号 AM、FM、PM，信号的参数设置如表 2.1 所示。

对于两种数字信号，信号的参数设置如下。

信号的载波频率 $f_c = 2.7 \times 10^8 \text{Hz}$，码元速率 $R_b = 1.0 \times 10^5 \text{bit/s}$；对于 ASK 信号，简化为 0、1 键控；对于 FSK 信号的两个频率，$f_1 = f_c - \Delta f$，$f_2 = f_c + \Delta f$，其中，$\Delta f = 1.0 \times 10^5 \text{Hz}$。

对以上 6 种信号，提取信号的两个特征参数值构成二维特征向量，仿真结果如图 2.14 和图 2.15 所示。其中，图 2.14 表示 20dB 信噪比下 6 种信号的二维特征分布图，图 2.15 表示 2dB 信噪比下 6 种信号的二维特征分布图。

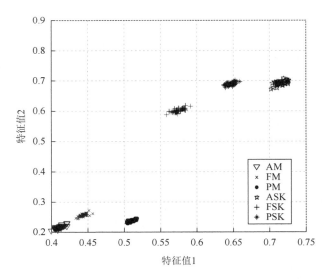

图 2.14　20dB 信噪比下 6 种信号的二维特征分布图

从仿真结果可以看出，在高信噪比下，不同的信号特征具有较好的分离度，但是，随着信噪比的降低，信号的特征参数具有一定交叠特性，此时，利用普通的分类器对该环境中的信号进行分类，难以达到较好的识别效果。

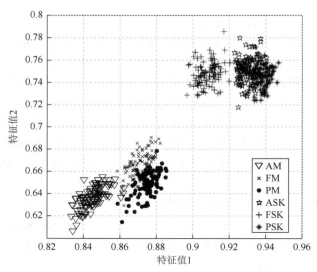

图 2.15　2dB 信噪比下 6 种信号的二维特征分布图

　　对图 2.14 和图 2.15 中的信号特征参数进行分类识别，利用理论分析中所提出的 5 种分类器设计算法，对不同信噪比下的 6 种信号特征进行分类识别，识别准确率计算结果如表 2.2 所示。

表 2.2　不同信噪比下 5 种分类器设计算法的识别准确率 　（单位：%）

算法名称	20dB	10dB	5dB	2dB	0dB
神经网络分类器	100	100	96.7	87.3	71.3
普通灰色关联算法	100	98	91.3	83.5	67.8
改进均值样本关联算法	100	99.3	88.7	75.7	67.8
改进自适应均值样本灰色关联算法	100	99.5	95.7	88.5	76.2
基于熵权的区间灰色关联算法	100	100	100	95.33	92.33

　　从表 2.2 的识别结果可以看出，在 20dB 信噪比下，5 种分类器都具有很好的识别特性，结合图 2.14 分析可知，在 6 种信号的特征参数具有较好的分离特性时，几种分类器都可以达到 100%识别准确率；当信噪比逐渐降低时，普通灰色关联算法、改进均值样本关联算法以及改进自适应均值样本关联算法的识别准确率随着信噪比的降低都逐渐下降，神经网络分类器由于自适应能力比较强，对信噪比的下降没有以上三种算法敏感；但当信噪比为 2dB 时，识别准确率已经低于 90%，而基于熵权的区间灰色关联算法即使在信噪比为 0dB 时，仍保持着较高的识别准确率，结合图 2.15 分析可知，当信号的特征参数存在部分交叠，尤其是交叠比较严重时，基于熵权的区间灰色关联算法具有最好的识别效果。

为了衡量不同算法的复杂特性，对不同分类器的仿真识别时间进行了对比，如表 2.3 所示。

表 2.3　不同分类器设计算法仿真时间

算法名称	仿真时间/s
神经网络分类器	4.97
普通灰色关联算法	1.03
改进均值样本关联算法	1.02
改进自适应均值样本灰色关联算法	1.02
基于熵权的区间灰色关联算法	1.02

从表 2.3 中可以看出，基于灰色关联算法的分类器设计的仿真时间基本没有差别，也就是说，在算法的复杂度上，几种分类器的复杂程度是等同的；对于神经网络分类器，仿真时间比较长，这是由神经网络分类器实现信号识别需要训练的过程所决定的，但是，一般情况下，只需要一次的训练，在后续的信号识别中，可以免去训练的过程，因此，相对于其他几种灰色关联算法，其复杂度差距会减小。神经网络分类器因其较强的自适应能力已经得到了比较广泛的应用，但是，对于具有交叠特性的特征参数，利用神经网络分类器进行分类并不是最优选择。从仿真的识别准确率以及仿真时间的对比表格分析可知，对于具有部分交叠特性的特征参数，利用基于熵权的区间灰色关联算法具有更好的识别效果。

本章提出了基于熵特征和 Holder 系数特征的特征提取算法，取得了较好的识别效果。对于基于熵特征的信号特征提取算法，以 6 种通信调制信号为例，在对信号进行 FFT 和 Chirp-z 变换之后，求取各个信号的香农熵特征和指数熵特征。由以上分析可知，该算法计算量较小，且熵特征受信噪比的影响较小，熵值曲线在达到一定的信噪比后逐渐趋于平稳，在实际的应用中，具有比较好的特征提取效果。在基于 Holder 系数特征的特征提取算法中，介绍了 Holder 系数的来源，并重点证明了 Holder 不等式，同时，探讨了关于 Holder 系数算法中 p、q 值的选取问题。仿真结果表明，基于 Holder 系数理论的特征提取算法，提取的 Holder 系数特征具有较好的类内聚集度和类间分离度。在低信噪比下具有相对较好的分类效果，这就为工程中低信噪比下的通信调制信号的识别提供了很好的理论依据。

为了解决信号中具有交叠特性的特征参数的分类识别问题，本章提出了 5 种分类器设计方法，并主要针对灰色关联理论进行了比较深入的研究，对普通灰色关联理论提出了 3 种改进的算法，研究不同算法对具有交叠特性的特征参数分布问题的分类性能，并与自适应能力较强的神经网络分类器进行了对比仿真实验，从本章的理论分析与仿真结果可以看出，虽然神经网络分类器具有较强的自适应能力，但是，当信号的特征参数存在较大的交叠现象时，基于熵权的区间灰色关联算法具有最好的分类效果，这就为工程实践中具有交叠特征的信号分类问题提供了很好的理论依据。

参 考 文 献

[1]　李靖超，李一兵，林云. 熵值分析法在辐射源特征提取中的应用[J]. 弹箭与制导学报，2011，31（5）：155-157.

[2]　Li J C，Ying Y L. Radar signal recognition algorithm based on entropy theory[C]. 2nd International Conference on Systems and Informatics（ICSAI），Shanghai，2014：718-723.

[3]　李靖超. 基于三维熵特征的雷达信号识别[J]. 上海电机学院学报，2015，18（3）：136-140.

[4]　Li J C，Li Y B，Lin Y. LFM signal parameter estimation based on holder coefficient algorithm[J]. Journal of Computational Information Systems，2011，8（14）：3011-3017.

[5]　Li Y B，Li J C，Lin Y. Classifier design algorithms aimed at overlapping characteristics[J]. Information Technology Journal，2012，11（8）：1091-1096.

[6]　Li J C，Li Y B，Kidera S，et al. Robust signal recognition method for communication system under time-varying SNR environment[J]. IEICE Transactions on Information and Systems，2013，12：2814-2819.

[7]　Li J C. A novel recognition algorithm based on holder coefficient theory and interval gray relation classifier[J]. KSII Transactions on Internet and Information Systems（TIIS），2015，9（11）：4573-4584.

第3章 基于云模型的通信调制信号二次特征提取算法

现代通信系统中，通信环境复杂多变，通信设备本身的测量误差以及传输环境中各种干扰的存在，使接收到的通信信号特征参数跟真值相比具有一定的随机性和模糊性，这就使特征提取成为一个难题。因此，如何在复杂多变的电磁环境中准确地识别通信信号，是现代通信系统的关键。

云模型是一种定性定量不确定性转换的模型，它将模糊集理论中的模糊性和概率理论中的随机性结合起来，通过计算云模型的期望 Ex（expected value）、熵 En（entropy）、超熵 He（hyper entropy）来表征云团的整体分布特性。因此，本章引入了云模型理论，并提出了一种新的基于熵云特征和 Holder 系数云特征的通信信号二次特征提取算法，利用云模型的数字特征，计算通信信号的熵特征和 Holder 系数特征参数云的云模型数字特征，进而反映不同通信信号的熵特征和 Holder 系数特征云的分布特性，从而实现对不同通信信号进行识别的目的。

基于云模型数字特征的通信信号二次特征提取算法以及识别算法的具体识别系统框图如图 3.1 所示。

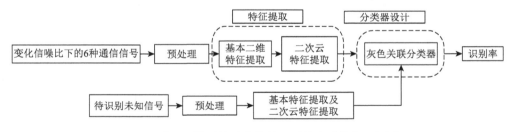

图 3.1　基于云模型的通信信号识别算法系统实现框图

通信信号的调制识别技术在信号处理领域具有重要的意义。它需要在复杂的噪声环境中识别出信号的调制方式，从而为进一步分析和处理信号提供依据。其主要包括两个关键的步骤：特征提取和分类器设计。本章针对特征提取这一步骤，提出了一种新的基于熵云特征和 Holder 系数云特征的信号特征提取算法，该算法能够在低信噪比下，在对信号进行熵特征和 Holder 系数特征提取的基础上，提取熵特征和 Holder 系数特征低信噪比下的不稳定分布特征，这种不稳定的分布状态与云模型的分布状态类似，因此，利用云模型的数字特征，提取特征的分布特性，通过二次信号特征提取，进而达到对信号进行更精确识别的目的。

3.1　云模型基本理论

目前，云模型理论在许多领域都得到了比较广泛的应用。其把待描述对象的模糊性和随机性集成在一起，构成一个定性（论域中的概念）和定量（论域中属性值的隶属度）相互间的映射，这就为通信信号的特征提取提供了很好的理论基础。

云模型的基本定义为：对于一个普通的集合 X，定义论域 $X = \{x\}$。假设模糊集合 $\tilde{A}$ 为一个属于论域 X 中的集合，此时，对于任意的元素 x，定义具有稳定倾向的随机数 $\mu_{\tilde{A}}(x)$，称为 x 对 $\tilde{A}$ 的隶属度。如果各个元素都是简单有序的，那么，X 成为基础变量，其隶属度在 X 上的分布称为隶属云；如果各个元素并不是有序的，而是根据对应法则 f，将 X 映射到一个有序的论域 X' 上，同时满足条件 X' 中有且只有一个 x' 与 x 对应，此时，X' 可以被看作基础变量，称隶属度在 X' 上的分布为隶属云。

最常用到的正态云模型的表达式可以表示为

$$\mu = \exp\left(-\frac{(x_i - \mathrm{Ex})^2}{2\mathrm{En}^2}\right) \tag{3.1}$$

式中，x_i 是论域内的任意数值；Ex 是论域的期望；En 为论域范围概念的一个熵。绘制云模型的状态分布图如图 3.2 所示，各个数字特征的意义也附于图中。其中，横坐标表示待描述对象值的分布，纵坐标表示各个点对于待描述对象的隶属度。

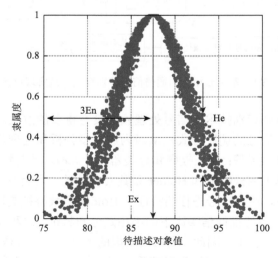

图 3.2　云模型分布图

云模型通过期望 Ex、熵 En、超熵 He 来表征整体的分布特性，它们所代表的意义可以表述如下。

（1）云滴点分布的数值期望用 Ex 来表示，它反映了云滴群的重心位置，是最能够代表定性概念的点。

（2）"熵"理论已经被引入了信息论、统计物理学等理论，最初是用来描述热力学理论的状态参量，用来表征待描述对象的不确定程度。在云模型概念的定义中，定性概念可度量的程度用熵 En 来表示，它的值越大，代表的概念就越宏观。

（3）熵的不确定性的度量定义为超熵 He，它反映了云滴的凝聚程度，即在论域空间中所有点的不确定度的凝聚性。它的大小间接地表示了云的离散程度和厚度，由熵的随机性和模糊性共同决定。

通常情况下，云模型理论有正向云发生器（forward cloud generator）与逆向云发生器（backward cloud generator）两种。下面对两种发生器的基本原理进行一一介绍。正向云发生器的基本原理为：根据已知云滴群的数字分布特征（Ex，En，He），产生满足分布特征的云滴，是一个从定性到定量的映射过程。正向云发生器的具体流程如图 3.3 所示。

图 3.3 正向云发生器的具体流程

一般情况下，一维的正向云发生器在进行应用编程接口（application programming interface，API）指数预测时，需要遵循正态分布的"3En"原则，对于其产生的云对象中，在 $[Ex-3En, Ex+3En]$ 之外的云滴均属于小概率事件，通常可以忽略不计，在正向云发生器的具体计算过程中，主要步骤具体如下。

首先定义输入、输出。

输入：云团的 3 个数字分布特征（Ex，En，He）和云滴的个数 N。

输出：每一个云滴的定量值。

其具体算法的计算步骤为：

（1）根据云模型的三个数字特征（Ex，En，He），生成正态随机数 En^*，并且，随机数的期望值为 En，标准差为 He；

（2）生成正态随机数 x，且其期望值为 Ex，标准差为 En，则 x 被称为论域空间 U 中的云滴；

（3）根据步骤（1）与步骤（2），计算 x 隶属于定性概念 C 的确定度信息 μ；

$$\mu = \exp\left(-\frac{(x-Ex)^2}{(2En^*)^2}\right)$$

（4）重复步骤（1）和步骤（3），一直到产生 N 个云滴。

逆向云发生器的基本原理是，根据已知云滴的数据值，计算出能够表示云滴

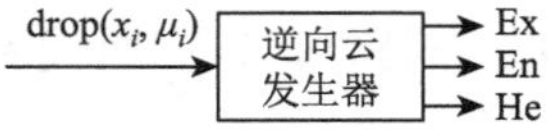

图 3.4　逆向云发生器的具体流程

分布状态特征的数字特征（Ex，En，He），是一个从定量到定性的转化过程。逆向云发生器的具体流程图如图 3.4 所示。

现有的逆向云发生器的计算方法有两种：具有确定度信息 μ_i 的逆向云发生器，以及没有确定度信息 μ_i 的逆向云发生器。这里以计算相对复杂的已知确定度信息的逆向云发生器为例，计算方法如下。

输入：云滴 x_i 及云滴的确定度信息 μ_i，$i = 1, 2, \cdots, N$。

输出：该云团的数字特征（Ex，En，He）。

具体计算过程如下。

（1）剔除 $\mu_i > a$（a 为确定度信息 μ_i 的值）的点，最终剩下 m 个云滴；

（2）求 m 个云滴的平均值，即期望 $\mathrm{Ex} = \dfrac{1}{m}\sum\limits_{i=1}^{m} x_i$；

（3）求中间变量，即 $w_i = \sqrt{-\dfrac{(x_i - \mathrm{Ex})^2}{2\ln\mu_i}}$；

（4）求云团的熵值，即 $\mathrm{En} = \dfrac{1}{m}\sum\limits_{i=1}^{m} w_i$；

（5）求云团的超熵值，即 $\mathrm{He} = \sqrt{\dfrac{1}{m-1}\sum\limits_{i=1}^{m}(w_i - \mathrm{En})^2}$。

由此得到了逆向云发生器的输出（Ex，En，He），即表征云团特征的三个数字特征，也是本章主要采用的基本发生器。

从云模型理论的定义中可以看出，云模型中点的分布是符合正态分布的，而变化信噪比下的信号特征参数，随着噪声的变化，特征值在某一个稳定的值附近波动，其分布状态符合正态分布特征，因此，可以利用云模型的数字特征参数期望 Ex、熵 En、超熵 He 来反映变化信噪比下稳定的熵云特征和 Holder 云特征，更为精细地提取出不同通信信号在变化信噪比下的参数特征，从而对信号进行更准确的识别。

3.2　改进熵云特征的二次特征提取算法

随着通信技术的不断发展，电磁环境日益复杂，噪声常常以累加和的形式叠加在信号上，通常导致信噪比很低，信号的波形往往被淹没在噪声之中，难以识别。因此，单纯地依靠一种特征提取算法难以在较低的信噪比下提取到较好的信号特征，很难达到满意的识别效果。

目前在已有的识别算法中，基于判决理论的识别算法计算简单，识别种类多，能够对数据进行实时处理，但是，随着信噪比的变化，分类门限值也变化，导致门限值的设定较为困难，自适应能力差。基于谱分析的识别算法，通过提取信号的功率谱特征或循环谱特征，在信号的频域内对信号进行识别，可以减少信道噪声对识别结果的影响，但是，对信号的先验知识具有较多的要求，且计算相对复杂。星座图直观地展现了信号的结构特征，具有简单直观、对信噪比依赖较低的优势，但是，其要求接收系统严格同步，需要对信号的载波和初相进行估计并进行同步和矫正。

针对以上识别算法的缺陷，本节提出了基于熵云特征的通信调制信号特征提取算法，首先提取频域信号的香农熵和指数熵二维特征，由于噪声的存在，提取到的信号特征分布具有一定的模糊性，利用云模型的数字特征，进一步提取信号的三维熵云特征分布特性，从而更为精细地提取信号的分布特征，实现低信噪比下对信号进行识别的目的。

3.2.1　算法实现基本步骤

本节利用逆向云模型的特性，将精确数据，即云滴的分布状态，有效地转换为其数字特征期望 Ex、熵 En 和超熵 He 所表示的概念，并可以利用数字特征来表示精确数据所反映的云滴的整体，进而实现对信号特征分布的模糊性和随机性的精确描述。逆向云模型的基本实现过程如下[1]。

（1）设每一个云滴对应的二维位置坐标为 $S(i) = (x(i), y(i))$，由公式 $\text{Ex} = \frac{1}{n}\sum_{i=1}^{n} x(i)$，求出所有云滴的期望 Ex。其中，$x(i)$ 表示第 i 个云滴横坐标的数值大小，$i = 1, 2, \cdots, n$，n 为云滴的个数。

（2）对每一个云滴 $S(i) = (x(i), y(i))$，由熵值公式 $\text{En}(i) = \sqrt{-\dfrac{(x(i)-\text{Ex})^2}{2\ln y(i)}}$，求出熵值 $\text{En}(i)$。

（3）根据公式 $\text{En} = \dfrac{1}{n}\sum_{i=1}^{n} \text{En}(i)$，求出对应 n 个云滴的平均熵值 En。

（4）求 $\text{En}(i)$ 的均方差，利用公式 $\text{He} = \sqrt{\dfrac{1}{n-1}\sum_{i=1}^{n}(\text{En}(i)-\text{En})^2}$，将其代入上面求得的相关数值，即可以得到超熵 He。

待测样本 $S(i)$ 与云滴群的期望 Ex 的距离决定了该样本属于该类别可能性的大小；在数域空间中，熵值 $\text{En}(i)$ 反映了云滴群能被信号样本特征所接受的范围；超熵 He 是熵值松弛度的表示，度量了熵的不确定性。

基于熵云特征的二次特征提取算法，即按照 2.1.1 节中香农熵的基本定义和 2.1.2 节中指数熵的基本定义提取待识别信号的二维熵特征作为二维特征向量 $[H_1, H_2]$，对应着云特征中的云滴 $(x(i), y(i))$，按照逆向云模型数字特征的计算方法，提取信号的熵云特征，从而实现在较低信噪比下对信号进行识别的目的，由于熵特征的计算方法较为简单，只做简单叙述，基于 Holder 系数的特征提取算法具有更好的聚集性，因此，基于 Holder 云特征的提取步骤将会详细描述。

3.2.2　仿真结果与分析

以 6 种通信调制信号 AM、FM、PM、ASK、FSK、PSK 为例，根据第 2 章的熵值理论特征提取算法，在提取熵特征的基础上，计算不同调制信号在不同的信噪比下的香农熵和指数熵特征，构成二维特征向量。由于噪声的存在，每个信号的二维熵特征值不是一个固定值，而是随着信噪比的变化在某一个特征区间波动，同时，随着噪声的增加，熵特征值的波动区间也变大，仿真结果如图 3.5 所示。

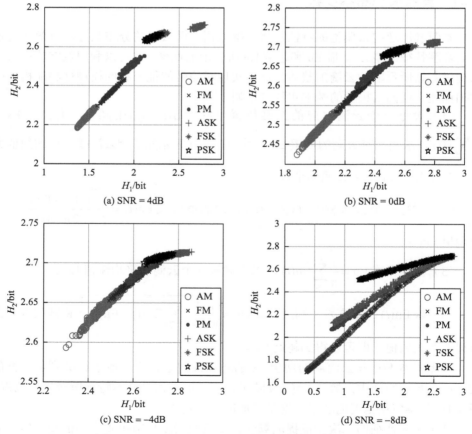

图 3.5　不同信噪比下基于熵特征的通信信号特征提取

横坐标 H_1 表示信号的香农熵特征，纵坐标 H_2 表示信号的指数熵特征

从图 3.5 的仿真结果可以看出，当信噪比为 **4dB** 时，信号特征的聚集性较好，不同调制信号的特征值具有很少的交叠，信号的特征相对比较容易进行分类；随着信噪比的降低，当信噪比为–8dB 时，信号的特征值具有一定的离散性，不同调制信号的特征值重叠区间变大，因此，要想达到较高的识别准确率，对分类器的设计就提出了更高的要求。

为了提高提取到的熵特征的类内聚集度和类间分离度，利用云模型的数字特征（ Ex 、 En 、 He ），二次提取 6 种调制信号的熵云特征分布特性。仿真结果如图 3.6 所示。

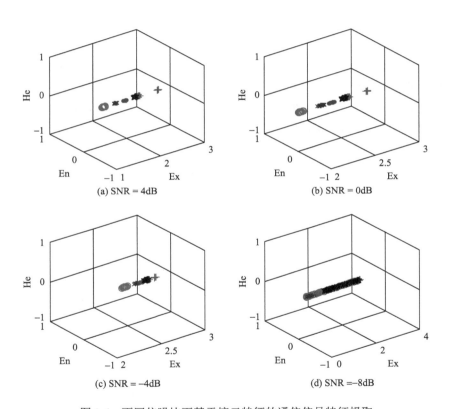

(a) SNR = 4dB　　　　　　　　(b) SNR = 0dB

(c) SNR = –4dB　　　　　　　　(d) SNR =–8dB

图 3.6　不同信噪比下基于熵云特征的通信信号特征提取

Ex 表示信号特征分布的期望，即信号特征分布的重心值；En 表示信号特征分布的熵值，即信号特征分布的离散特性；He 表示信号特征分布的超熵，即信号特征分布的熵特征的离散程度

由图 3.6 的仿真结果可以看出，二次提取信号的熵云特征的分布特性，将信号的二维分布熵特征转化为三维熵云模型特征，使提取到的三维信号特征相对于二维熵特征，具有更好的类内聚集度和类间分离度。利用灰色关联分类器，计算

仿真图中各个信噪比环境下的通信信号识别准确率，同时，与只提取信号的二维熵特征的识别准确率结果对比，识别结果如表 3.1 所示。

表 3.1　不同信噪比下基于熵特征和熵云特征的通信信号识别准确率

SNR/dB	基于熵特征的识别准确率/%	基于熵云特征的识别准确率/%
4	100	100
0	98.8	100
−4	96.7	100
−8	79.2	100

　　由表 3.1 的仿真结果可以看出，当信噪比为 4dB 时，基于两种特征提取算法的信号识别准确率都可以达到 100%。随着信噪比的降低，当信噪比为 0dB 和−4dB 时，基于熵云特征的特征提取算法仍可以达到 100% 的识别准确率，但是，基于熵特征的特征提取算法的识别准确率有所降低。当信噪比降低到−8dB 时，改进算法的识别准确率比原算法的识别准确率具有明显的提高。

　　为了比较改进算法与原算法的识别效果，计算两种算法在不同信噪比下对 6 种通信信号的识别准确率，仿真结果如图 3.7 所示。

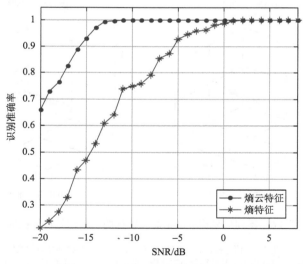

图 3.7　基于熵特征和熵云特征的通信信号识别准确率对比

　　由图 3.7 的仿真结果可以看出，在较高信噪比下，即在信噪比大于 1dB 时，两种特征提取算法都可以对 6 种通信信号达到 100% 的识别效果；但是，随着信噪比的降低，当信噪比低于 1dB 时，基于熵云特征的特征提取算法仍然可以保持较高的识别准确率，而基于熵特征的特征提取算法的识别准确率明显下降，即通过将二维特征提取转化为三维特征提取，提高了提取特征的抗噪性能，验证了改进算法的有效性。

3.3　改进 Holder 系数云特征的二次特征提取算法

仍以 6 种通信信号 AM、FM、PM、ASK、FSK、PSK 为例，在不同变化的信噪比下，首先对接收到的不同的通信信号进行预处理，将信号由时域变换到频域；再利用 Holder 系数理论，提取信号的 Holder 系数特征。由于噪声不稳定的变化，通信信号的 Holder 系数特征具有一定的模糊性和随机性，因此，Holder 系数特征的分布特性符合云模型的分布特性，所以，利用云模型理论来计算 Holder 系数特征的 3 个数字特征（Ex、En、He），进而刻画 Holder 系数特征云分布的模糊性和随机性，从而更为精确地提取信号的频域特征。将计算的结果作为特征数据库，当接收到未知信号时，利用区间灰色关联理论，对接收到的未知信号提取 Holder 系数云特征，与数据库中的已知信号 Holder 系数云特征进行区间关联，计算未知信号与已知数据库中信号的区间关联程度，进而达到对信号进行识别的目的。

3.3.1　算法实现基本步骤

本节将 Holder 系数特征理论和云模型算法两者结合起来，通过二次提取信号的 Holder 系数特征和云特征，解决不稳定低信噪比下 Holder 系数特征值存在模糊性、识别准确率较低的问题，进而达到在较低的不稳定信噪比下对通信信号进行准确识别的目的。算法的具体实现过程如下[2]。

（1）在不稳定信噪比下，对接收到的 6 个调制类型的通信信号进行预处理，将信号离散化并由时域变换到频域。

（2）设处理后的待识别信号为

$$\{S_n(f_k), n=1,2,\cdots,6; k=1,2,\cdots,N\} \tag{3.2}$$

式中，n 为待识别通信信号的个数，此处取 $n=6$；N 为频域离散信号的点数。求取预处理后待识别信号的 Holder 系数特征值。根据 Holder 系数理论的定义，选取矩形窗函数和三角窗函数作为参考序列，设为

$$\{S_m(f_k), m=1,2; k=1,2,\cdots,N\} \tag{3.3}$$

式中

$$S_1(f_k) = \begin{cases} 1, & 1 \leqslant f_k \leqslant N \\ 0, & 其他 \end{cases}$$

为矩形窗序列。

定义：

$$S_2(f_k) = \begin{cases} 2f_k/N, & 1 \leqslant f_k \leqslant N/2 \\ 2-2f_k/N, & N/2 < f_k \leqslant N \end{cases}$$

为三角窗序列。

分别求取其与待识别信号的 Holder 系数值，为

$$H_{mn} = \frac{\sum S_n(f_k)S_m(f_k)}{\left(\sum S_n^p(f_k)\right)^{1/p} \cdot \left(\sum S_m^q(f_k)\right)^{1/q}} \tag{3.4}$$

式中，$m = 1, 2$ 表示不同的参考序列条件；$n = 1, 2, \cdots, 6$ 表示待识别信号的种类；矩阵 H_{mn} 即为提取的信号 Holder 系数特征。

另外，p、q 的取值问题直接影响到 Holder 系数特征的好坏，根据分别对 p、q 依次自然数赋值，计算不同信号的 Holder 系数特征距离，选取具有最大类间分离度的 Holder 系数特征值所对应条件下的 p、q 值，结果为 p 取值 2，q 取值 5。

（3）由于信噪比低，而且信噪比不稳定变化，因此，提取到的 Holder 系数特征具有一定的模糊性和随机性，若直接进行分类识别，对识别效果会造成影响。根据提取特征的分布特性，类似于云模型理论，因此，采用云模型理论来表征 Holder 系数特征值波动范围的随机性和隶属度的模糊性，对提取的特征值进行进一步描述，从而更为精确地提取变化低信噪比下的信号特征。在计算 Holder 系数特征的基础上，云模型特征值算法实现如下。

首先计算每个信号变化信噪比下信号的 Holder 系数特征的云期望数字特征 Ex_n：

$$\mathrm{Ex}_n = \frac{1}{M}\sum_{i=1}^{M} H_{1n}(i) \tag{3.5}$$

由于要构成 Holder 系数云，必须多次对待识别信号进行采样，求取多个 Holder 值构成 Holder 云团，因此，此处 $i = 1, 2, \cdots, M$ 表示对相同信号求取 Holder 系数值的次数，$n = 1, 2, \cdots, 6$ 为待识别信号的类别。

根据云模型数字特征的定义算法，计算 Holder 系数特征的熵：

$$\mathrm{En}_n(i) = \sqrt{-\frac{(H_{1n}(i) - \mathrm{Ex}_n)^2}{2\ln(H_{2n}(i))}} \tag{3.6}$$

再计算 Holder 系数特征的超熵：

$$\mathrm{He}_n = \sqrt{\frac{1}{M-1}\sum_{i=1}^{M}(\mathrm{En}_n(i) - \mathrm{En}_n)^2} \tag{3.7}$$

式中，$\mathrm{En}_n = \dfrac{1}{M}\sum_{i=1}^{M}\mathrm{En}_n(i)$ 为 Holder 系数云团特征熵的期望。

通过计算 Holder 系数特征值的期望、熵、超熵 3 个特征之后，将变化信噪比下通信信号不稳定的 Holder 系数特征分布情况清楚地表示出来，利用云模型特征表征 Holder 系数特征分布的随机性和模糊性，解决了变化低信噪比下特征值不稳定的问题，进而达到变化低信噪比下对信号进行识别的目的。

3.3.2　仿真结果与分析

同样，选取 6 种通信信号——AM、FM、PM、ASK、FSK 和 PSK，信号带宽和载频都已知。分别对不同的调制类型的信号附加相同条件的不稳定噪声，即设定在变化范围信噪比条件下，首先提取信号的 Holder 系数特征，再提取信号的 Holder 系数云特征，最后利用对特征分布区间具有较好识别准确率的灰色区间关联算法，对提取到的 Holder 系数特征和 Holder 云特征分别进行识别仿真，计算不同变化信噪比下的识别准确率，具体仿真过程及结果如下。

分别对 6 种通信信号，在 6~10dB，0~4dB，−10~−6dB，−15~−11dB 的信噪比下，利用 Holder 系数特征提取算法，提取信号的 Holder 系数特征。图 3.8 中，横坐标代表待识别信号与参考信号矩形窗函数的 Holder 系数特征值，纵坐标代表待识别信号与参考信号三角形窗函数的 Holder 系数特征值，两特征值构成二维特征矩阵，绘制二维特征分布图如图 3.8 所示。

从仿真结果中可以看出，在较高信噪比 6~10dB，0~4dB 下，信号的 Holder 系数特征具有较好的聚集度，利用区间关联算法可以达到对信号进行准确识别的目的。随着信噪比的降低，各种信号重叠区间逐渐增大，当信噪比达到−10~−6dB、−15~−11dB 时，信号的重叠区间太大，即使用基于熵权的区间灰色关联算法也很难达到较高的识别效果，识别结果如表 3.2 所示。

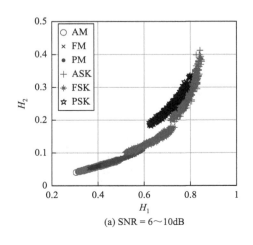

(a) SNR = 6~10dB

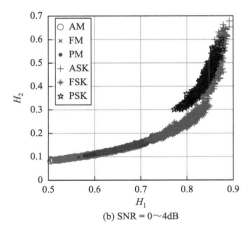

(b) SNR = 0~4dB

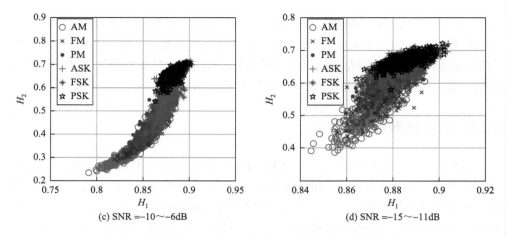

(c) SNR = −10~−6dB (d) SNR = −15~−11dB

图 3.8　不同变化信噪比下 6 种通信信号的 Holder 系数特征

在没有信噪比的条件下，相同信号的 Holder 系数特征值应该是固定值。当对信号附加白噪声以后，信号的波形会发生随机性的变化，此时，Holder 系数值的结果也会围绕着某一个固定值产生一定的波动。当在变化的信噪比条件下提取信号特征时，这种波动会增加，因此，特征值的分布会围绕某一个固定值呈正态分布。根据信号 Holder 系数特征的这种分布特点，完全符合云模型的分布特征，而云模型的分布特征可以用云模型的数字特征来表述，根据这个原理，利用云模型的数字特征（期望、熵、超熵）来表征 Holder 系数特征的分布情况，即对不同通信信号的 Holder 系数特征进行二次特征提取，从而实现更好的特征提取效果。与图 3.8 的仿真条件相同，在 6~10dB、0~4dB、−10~−6dB、−15~−11dB 下，求信号的 Holder 系数云特征，绘制特征曲线，仿真结果如图 3.9 所示。

从图 3.9 的仿真结果中可以看出，二次特征提取后，将信号的二维 Holder 系数特征转化为了三维 Holder 系数云特征，由于信号 Holder 系数特征分布的随机性，三维 Holder 系数云特征也存在着一定的不稳定性，在较高信噪比 6~10dB，0~

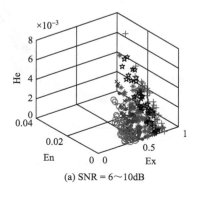

(a) SNR = 6~10dB

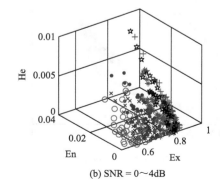

(b) SNR = 0~4dB

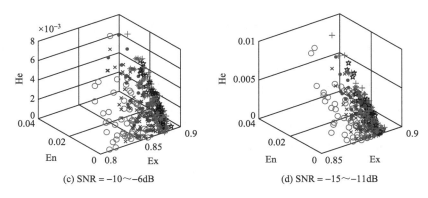

(c) SNR = −10～−6dB　　　　　(d) SNR = −15～−11dB

图 3.9　不同变化信噪比下 6 种通信信号的 Holder 系数云特征

4dB 下，信号的三维特征具有较好的分离度，当信噪比降低到−10～−6dB、−15～−11dB 时，重叠区间增大，但是，即使信号特征重叠区间增大，相对于二维的 Holder 系数特征，分离度也有所改善，只要特征区间不完全重叠，利用基于熵权的区间灰色关联算法就可以达到对信号进行较好识别的效果，识别结果如表 3.2 所示。

表 3.2　变化信噪比下基于 Holder 系数特征和 Holder 系数云特征的通信信号识别准确率

SNR/dB	基于 Holder 系数特征的识别准确率/%	基于 Holder 系数云特征的识别准确率/%
0～4	100	100
−5～−1	100	100
−10～−6	97.3	100
−15～−11	65.4	97.0
−17～−13	42.9	81.7
−20～−16	38.9	76.8

对 6 种通信信号进行特征提取以后，利用基于熵权的区间灰色关联算法，对信号的特征进行分类。该分类器算法在对信号的特征进行分类的过程中，可以通过熵权算法对各个特征的加权系数进行自动赋值，通过计算各个维数特征的分离程度来权衡该特征对最后分类结果的贡献大小，即对于分离度较好的特征赋予较大的加权系数，对于分离度较差的特征则赋予较小的加权系数。该分类器算法在对信号进行分类之前，对信号进行了很好的特征选择，因此具有更好的分类效果。不同变化信噪比下计算 Holder 系数云特征的通信信号的识别准确率，与前面的基于 Holder 系数的特征提取算法进行对比，对比结果如表 3.2 所示。

从表 3.2 的仿真结果中可以看出，利用基于熵权的区间灰色关联算法，对基于 Holder 系数特征和 Holder 系数云特征的通信信号都具有较好的识别效果，即使在–5～–1dB 变化范围的低信噪比下，仍可以达到 100%的识别准确率。但当信噪比继续降低时，Holder 系数特征的识别准确率开始明显下降，对于 Holder 系数云特征，由于是对 Holder 系数特征的进一步提取，特征相对稳定，仍能保持较好的识别效果，即使在–20～–16dB 变化范围的信噪比下，也可以达到 76.8%的识别准确率。

　　综合以上提出的几种算法，与传统的基于决策树的识别算法以及目前应用较为广泛的基于循环谱特征的识别算法进行对比仿真，计算四种算法在不同信噪比下的识别准确率曲线，识别结果如图 3.10 所示。

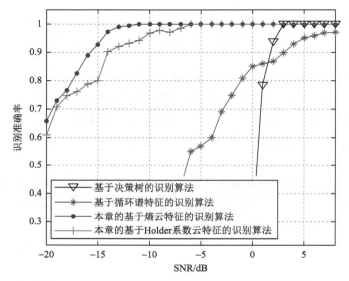

图 3.10　不同变化信噪比下四种算法识别准确率曲线

　　从图 3.10 的识别准确率对比曲线中可知，本章所提出的基于熵云特征以及Holder 系数云特征的识别算法，相对于传统的基于决策树的识别算法以及循环谱特征的识别算法，在高信噪比下均可以达到 100%的识别准确率，但是，当信噪比降低时，基于决策树的识别算法的识别准确率迅速下降，当噪声淹没信号时，该算法已经无法设置分类阈值以实现对信号的识别，而基于循环谱特征的识别算法具有一定的抗噪性能，但是，随着信噪比的降低，识别准确率曲线快速下降，即无法实现低信噪比下的识别。基于以上分析讨论，对比四种算法在各个方面的性能，如表 3.3 所示。

表 3.3　四种算法性能比较

算法名称	抗噪能力	计算复杂度	低信噪比下识别准确率	识别时间
基于决策树的识别算法	最弱	最简单	最低	最短
基于循环谱特征的识别算法	较弱	最复杂	较低	最长

续表

算法名称	抗噪能力	计算复杂度	低信噪比下识别准确率	识别时间
本章的基于熵云特征的识别算法	最强	较简单	最高	较短
本章的基于 Holder 系数云特征的识别算法	较强	较复杂	较高	较长

　　表 3.3 列出了传统的基于决策树的识别算法以及目前应用较为广泛的循环谱特征识别算法与本章提出的基于熵云特征和 Holder 系数云特征的信号识别算法在抗噪能力、计算复杂度、低信噪比下识别准确率以及识别时间上的对比，因此，可以根据工程应用的实际需求，选择合适的算法来实现信号识别的目的。

　　利用云模型的数字特征可以表征云模型的分布情况这一特性，本章提出了基于熵云特征和 Holder 系数云特征的通信信号特征提取算法，该算法解决了单纯的基于熵特征和 Holder 系数特征的特征提取算法中低信噪比下难于识别的问题，针对熵特征和 Holder 系数特征低信噪比下特征值不稳定的特点，利用云模型的数字特征对不稳定信噪比下的熵特征和 Holder 系数特征的分布特性进行描述，通过二次特征提取，实现低信噪比下识别通信信号调制类型的目的。本章以 6 种通信信号为例，在变化信噪比下，首先提取低信噪比下信号的熵特征和 Holder 系数特征，再利用云模型的数字特征，提取熵特征和 Holder 系数特征的云模型三维数字特征，对信号基本特征的模糊性和随机性进行描述，最后利用区间灰色关联理论设计分类器对提取的特征进行识别。仿真结果表明，二次特征提取算法相对于单纯的一次特征提取，具有更好的类内聚集度和类间分离度，在辐射源个体识别领域具有更好的应用价值。

<h2 style="text-align:center">参 考 文 献</h2>

[1]　Li J C，Guo J. A new feature extraction algorithm based on entropy cloud characteristics of communication signals[J]. Mathematical Problems in Engineering，2015，（1）：1-8.

[2]　Li J C. A new robust signal recognition approach based on holder cloud features under varying SNR environment[J]. KSII Transactions on Internet and Information Systems，2015，9（12）：4934-4949.

第4章　基于分形理论的通信调制信号特征提取算法

分形理论被学者称为大自然的几何学，是现代数学理论的一个分支，它与动力学系统的混沌理论相辅相成。1975 年，数学家曼德布罗特（Mandelbrot），首先提出了分形几何的概念，随着分形理论的不断发展，分形几何的概念指出，世界上任何一个事物的局部都有可能在某一过程中或者一定的条件下，事物的某一方面（如能量、功能、信息、时间、结构、形态等）表现出与整体的相似性，并且空间维数的变化可以是连续的，也可以是离散的。

分形维数可以定量地描述分形集合的复杂程度，它的大小反映了分形几何的不规则程度。分形维数具有以下基本性质：

（1）分形维数值的大小与事物的几何尺度大小没有关系；

（2）分形维数值越大，事物的几何轮廓就越复杂，细节也越丰富，反之，分形维数值越小，事物的几何轮廓越简单，细节内容越少；

（3）分形维数值并不是一个绝对值，而是一个相对值；

（4）若事物的几何形体是一个光滑的 m 维曲面，并且其属于欧氏空间 R^n，则它的分形维数为 m。

现阶段，分形维数的定义和测量方法有很多种，常见的一维分形维数有 Hausdorff维数、Higuchi 维数、Petrosian 维数、盒维数等。其中，Hausdorff 维数是最基本的分形维数，然而，其计算复杂度较高，计算量较大，在实际中并不适用；盒维数计算较为简单，且能够通过调节盒子边长的大小较为精细地提取信号的分形维数特征，进而得到了比较广泛的应用；多重分形维数在一维分形维数的基础上，在多个层次上，对信号的分形维数进行了刻画，相对于一维分形维数而言，能够更好地刻画信号的细微变化，相应地，复杂度有所提高。

一般的通信信号都是随时间变化的函数，人们常常根据信号的波形来识别它的类型，这是从整体向局部、从宏观向微观转化的一个过程。分形维数在本质上和其相似，它是对没有特征长度的，但是具有一定的自相似结构的图形的总称，它具有精细波形的结构和近似意义下的自相似特性，分形维数能够定量地描述图形的这种复杂特性，其中，盒维数能够反映待描述对象的几何尺度情况，而信息维数则能够反映出待描述对象在分布意义上的信息。信号类型的各种特点往往会体现在载波的相位、幅度和频率上，而信号波形往往包含了信号在几何以及分布上的信息，因此，提取信号的分形维数作为对信号进行分类识别的特征是可行的，相对于传统的信号处理,其优势体现在较低信噪比下对信号波形细微特征的提取,所以,分形特征的深入研究对于提取信号的细微特征具有重大的意义。

4.1　通信信号分形特征数学验证

以分形理论来构建射频信号指纹数学模型为例,分形理论的自相似性概念最初是指形态或结构的相似性。也就是说,在形态或结构上具有自相似性的几何对象称为分形。而后随着研究工作的深入和研究领域的拓宽,又由于系统论、信息论、控制论、耗散结构理论和协同论等一批新学科相继影响,自相似性概念得到充实与扩充,人们把形态结构、功能和时间上的相似性都包含在自相似性概念之中,即所谓的广义分形概念。利用数学方法,可以对射频信号在时间尺度上的自相似性进行证明,从而推导和证明射频信号是否具有分形特征。从本质上揭示射频指纹的存在性问题及其数学模型,可以为进一步寻找及提取物联网设备具有唯一性的指纹特征提供理论依据。

以下以 5 种信号为例,利用数学方法,对其在时间尺度上的自相似性进行证明[1,2]。

4.1.1　二进制幅移键控自相似性证明

二进制幅移键控(2ASK)信号最为常用,设基带序列为

$$S(t) = \left(\sum_n a_n g(t - nT_s) \right) \tag{4.1}$$

则调制信号的时域表达式为

$$e_{2ASK}(t) = S(t) \cdot \cos(\omega t) = \left(\sum_n a_n g(t - nT_s) \right) \cdot \cos(\omega t) \tag{4.2}$$

式中, $g(t)$ 为一个基带脉冲波形,即矩形窗函数; T_s 为码元持续时间,代表传输"0"或"1"码元所占的时间宽度; ω 为载波角频率; a_n 为第 n 个符号的电平取值。2ASK 信号的 a_n 取值仅为"0"或"1",则

$$\frac{e(\varepsilon t)}{e(t)} = \frac{\left(\sum_n a_n g(\varepsilon t - nT_s) \right) \cdot \cos(\varepsilon \omega t)}{\left(\sum_n a_n g(t - nT_s) \right) \cdot \cos(\omega t)} \tag{4.3}$$

令

$$f(t) = \frac{\sum_n a_n g(\varepsilon t - nT_s)}{\sum_n a_n g(t - nT_s)}, \quad h(t) = \frac{\cos(\varepsilon \omega t)}{\cos(\omega t)} \tag{4.4}$$

则

$$\frac{e(\varepsilon t)}{e(t)} = f(t) \cdot h(t) \tag{4.5}$$

假设 $\sum_n a_n g(t-nT_s)$ 和 $\sum_n a_n g(\varepsilon t-nT_s)$ 的取值为 1 或 m（无限接近于 0，但不为 0），则

$$f(t) = \frac{\sum_n a_n g(\varepsilon t - nT_s)}{\sum_n a_n g(t - nT_s)} = \begin{cases} 1, & \text{分子、分母同为1或}m \\ m, & \text{分子为}m，\text{分母为1} \\ \dfrac{1}{m}, & \text{分子为1，分母为}m \end{cases} \tag{4.6}$$

用泰勒公式将 $\cos(\varepsilon \omega t)$ 和 $\cos(\omega t)$ 展开得

$$h(t) = \frac{1 - \dfrac{(\omega \varepsilon t)^2}{2!} + \dfrac{(\omega \varepsilon t)^4}{4!} - \cdots + (-1)^k \dfrac{(\omega \varepsilon t)^{2k}}{(2k)!}}{1 - \dfrac{(\omega t)^2}{2!} + \dfrac{(\omega t)^4}{4!} - \cdots + (-1)^k \dfrac{(\omega t)^{2k}}{(2k)!}}$$

$$\approx \frac{1 - \dfrac{(\omega \varepsilon t)^2}{2!} + \dfrac{(\omega \varepsilon t)^4}{4!}}{1 - \dfrac{(\omega t)^2}{2!} + \dfrac{(\omega t)^4}{4!}} \approx \frac{24 - 12(\omega \varepsilon t)^2 + (\omega \varepsilon t)^4}{24 - 12(\omega t)^2 + (\omega t)^4} \tag{4.7}$$

因为 ε 为常数，ω 也为常数，所以 $h(t)$ 为两个含 t 的多项式之比，可近似保留最高次幂项：

$$h(t) \approx \varepsilon^4 \tag{4.8}$$

综上，当 t 时刻和 εt 时刻传输的码元相同时，即同为 1 或 0 时，有

$$\frac{e(\varepsilon t)}{e(t)} \approx \varepsilon^4 \tag{4.9}$$

当 t 时刻传输码元为 1、εt 时刻传输码元为 0 时，有

$$\frac{e(\varepsilon t)}{e(t)} \approx m \cdot \varepsilon^4 \tag{4.10}$$

当 t 时刻传输码元为 0、εt 时刻传输码元为 1 时，有

$$\frac{e(\varepsilon t)}{e(t)} \approx \frac{\varepsilon^4}{m} \tag{4.11}$$

不同时刻的信号比值为定值，因此，证明其具有自相似性。

4.1.2　二进制频移键控自相似性证明

二进制频移键控（2FSK）信号载波的频率随二进制基带信号在两个频率点（即

f_1 和 f_2 ）之间变化。2FSK 信号可看作两个载波频率的 2ASK 信号叠加而成，其时域表达式为

$$e_{2\text{FSK}}(t) = \left(\sum_n a_n g(t-nT_s)\right) \cdot \cos(\omega_1 t + \varphi_n) + \left(\sum_n \overline{a_n} g(t-nT_s)\right) \cdot \cos(\omega_2 t + \theta_n)$$

（4.12）

式中，$g(t)$ 和 a_n 的定义同上述 2ASK 信号；$\overline{a_n}$ 表示 a_n 的反码；φ_n 和 θ_n 分别表示第 n 个信号码元（"0" 或 "1"）的初始相位。

当 t 时刻传输码元为 1、εt 时刻传输码元为 1 时，有

$$\frac{e(\varepsilon t)}{e(t)} = \frac{\cos(\omega_1 \varepsilon t)}{\cos(\omega_1 t)} \approx \varepsilon^4$$

（4.13）

当 t 时刻传输码元为 0、εt 时刻传输码元为 0 时，有

$$\frac{e(\varepsilon t)}{e(t)} = \frac{\cos(\omega_2 \varepsilon t)}{\cos(\omega_2 t)} \approx \varepsilon^4$$

（4.14）

当 t 时刻传输码元为 1、εt 时刻传输码元为 0 时，有

$$\frac{e(\varepsilon t)}{e(t)} = \frac{\cos(\omega_2 \varepsilon t)}{\cos(\omega_1 t)}$$

（4.15）

假设 $\omega_2 = 2\omega_1$（频率是二倍关系），则

$$\frac{e(\varepsilon t)}{e(t)} = \frac{\cos(2\omega_1 \varepsilon t)}{\cos(\omega_1 t)} \approx 16\varepsilon^4$$

（4.16）

当 t 时刻传输码元为 0、εt 时刻传输码元为 1 时，有

$$\frac{e(\varepsilon t)}{e(t)} = \frac{\cos(\omega_1 \varepsilon t)}{\cos(\omega_2 t)}$$

（4.17）

假设 $\omega_2 = 2\omega_1$（频率是二倍关系），则

$$\frac{e(\varepsilon t)}{e(t)} = \frac{\cos(\omega_1 \varepsilon t)}{\cos(2\omega_1 t)} \approx \frac{\varepsilon^4}{16}$$

（4.18）

不同时刻的信号比值为定值，因此，证明其具有自相似性。

4.1.3　二进制相移键控自相似性证明

二进制相移键控（2PSK）信号只有两个相位值，2PSK 信号的时域表达式为

$$e_{2\text{PSK}}(t) = \left(\sum_n a_n g(t-nT_s)\right) \cdot \cos(\omega t + \varphi_n)$$

（4.19）

式中，φ_n 表示第 n 个符号的绝对相位；注意，这里的 a_n 不同于 ASK 信号中的 a_n，ASK 信号的基带信号为单极性数字信号，而 2PSK 信号则为双极性数字信号，即

$$a_n = \begin{cases} 1, & \text{概率为} P \\ -1, & \text{概率为} 1-P \end{cases} \tag{4.20}$$

当 t 时刻和 εt 时刻传输的码元相同时，即同为 1 或−1 时，有

$$\frac{e(\varepsilon t)}{e(t)} = \frac{\cos(\omega \varepsilon t)}{\cos(\omega t)} \approx \varepsilon^4 \tag{4.21}$$

当 t 时刻和 εt 时刻传输的码元相异时，有

$$\frac{e(\varepsilon t)}{e(t)} = -\frac{\cos(\omega \varepsilon t)}{\cos(\omega t)} \approx -\varepsilon^4 \tag{4.22}$$

不同时刻的信号比值为定值，因此，证明其具有自相似性。

4.1.4　偏移正交相移键控自相似性证明

QPSK 信号可由两个相互正交的 2PSK 信号合成获得，偏移正交相移键控（offset quadrature phase shift keying，OQPSK）是改进的 QPSK 调制。它与 QPSK 相同的是相位关系，即把输入信号分为两路，然后正交调制。所不同的是，同相和正交两支路的码流在时间上错开了半个周期。

OQPSK 的复基带信号可以表示为

$$S(t) = \sqrt{E_b} \left(\sum_n a_n g(tT - nT_s) + \mathrm{j} \sum_n b_n g\left(tT - nT_s - \frac{T_s}{2} \right) \right) \tag{4.23}$$

式中，a_n 和 b_n 在 $\{-1, 1\}$ 中取值，分别表示正交调制的 I 路和 Q 路；E_b 为平均比特能量；T_s 为符号周期；T 为调制器的采样周期。

当 t 时刻 I 路传输码元为 1、Q 路传输码元为−1、εt 时刻 I 路传输码元为 1、Q 路传输码元为−1 时，有

$$f(t) = \frac{s(\varepsilon t)}{s(t)} = \frac{1-\mathrm{j}}{1-\mathrm{j}} = 1 \tag{4.24}$$

假设 I 路表示复数的实部，Q 路表示复数的虚部，同理可得如表 4.1 所示的分析结果。

表 4.1　$f(t)$ 在不同时刻对应值分析

t 时刻（I 路，Q 路）	εt 时刻（I 路，Q 路）	$f(t)$
	1, −1	1
1, −1	1, 1	j
	−1, −1	−j
	−1, 1	−1

t 时刻（I 路，Q 路）	εt 时刻（I 路，Q 路）	$f(t)$
	1, −1	−j
1, 1	1, 1	1
	−1, −1	−1
	−1, 1	j
	1, −1	j
−1, −1	1, 1	−1
	−1, −1	1
	−1, 1	−j
	1, −1	−1
−1, 1	1, 1	−j
	−1, −1	j
	−1, 1	1

OQPSK 调制信号的另一种表达式为

$$e_{\text{OQPSK}}(t) = \text{I}(t)\cos(\omega t) - \text{Q}\left(t - \frac{T_s}{2}\right)\sin(\omega t) \tag{4.25}$$

$$\frac{e_{\text{OQPSK}}(\varepsilon t)}{e_{\text{OQPSK}}(t)} = \frac{\text{I}(\varepsilon t)\cos(\omega \varepsilon t) - \text{Q}\left(\varepsilon t - \frac{T_s}{2}\right)\sin(\omega \varepsilon t)}{\text{I}(t)\cos(\omega t) - \text{Q}\left(t - \frac{T_s}{2}\right)\sin(\omega t)} \tag{4.26}$$

当 t 时刻 I 路传输码元为 1、Q 路传输码元为–1、εt 时刻 I 路传输码元为 1、Q 路传输码元为–1 时，有

$$\frac{e_{\text{OQPSK}}(\varepsilon t)}{e_{\text{OQPSK}}(t)} = \frac{\cos(\omega \varepsilon t) + \sin(\omega \varepsilon t)}{\cos(\omega t) + \sin(\omega t)} = \frac{\cos(\omega \varepsilon t) + \cos\left(\omega \varepsilon t - \frac{\pi}{2}\right)}{\cos(\omega t) + \cos\left(\omega t - \frac{\pi}{2}\right)}$$

$$= \frac{2\cos\left(\dfrac{\omega \varepsilon t + \omega \varepsilon t - \frac{\pi}{2}}{2}\right)\cos\left(\dfrac{\omega \varepsilon t - \omega \varepsilon t + \frac{\pi}{2}}{2}\right)}{2\cos\left(\dfrac{\omega t + \omega t - \frac{\pi}{2}}{2}\right)\cos\left(\dfrac{\omega t - \omega t + \frac{\pi}{2}}{2}\right)} = \frac{\cos\left(\omega \varepsilon t - \frac{\pi}{4}\right)}{\cos\left(\omega t - \frac{\pi}{4}\right)} \approx \varepsilon^4 \tag{4.27}$$

当 t 时刻 I 路传输码元为 1、Q 路传输码元为–1、εt 时刻 I 路传输码元为 1、Q 路传输码元为 1 时，有

$$\frac{e_{\mathrm{OQPSK}}(\varepsilon t)}{e_{\mathrm{OQPSK}}(t)} = \frac{\cos(\omega\varepsilon t) + \sin(\omega\varepsilon t)}{\cos(\omega t) - \sin(\omega t)} = \frac{\cos(\omega\varepsilon t) + \cos\left(\omega\varepsilon t - \frac{\pi}{2}\right)}{\cos(\omega t) - \cos\left(\omega t - \frac{\pi}{2}\right)}$$

$$= \frac{2\cos\left(\dfrac{\omega\varepsilon t + \omega\varepsilon t - \frac{\pi}{2}}{2}\right)\cos\left(\dfrac{\omega\varepsilon t - \omega\varepsilon t + \frac{\pi}{2}}{2}\right)}{-2\sin\left(\dfrac{\omega t + \omega t - \frac{\pi}{2}}{2}\right)\sin\left(\dfrac{\omega t - \omega t + \frac{\pi}{2}}{2}\right)} = \frac{\cos\left(\omega\varepsilon t - \frac{\pi}{4}\right)}{-\sin\left(\omega t - \frac{\pi}{4}\right)}$$

$$= \frac{\cos\left(\omega\varepsilon t - \frac{\pi}{4}\right)}{-\cos\left(\omega t - \frac{3\pi}{4}\right)} \approx -\varepsilon^4 \tag{4.28}$$

同理可得如表 4.2 所示的结果。

表 4.2　比值在不同时刻取值结果分析

t 时刻（I 路，Q 路）	εt 时刻（I 路，Q 路）	$\dfrac{e_{\mathrm{OQPSK}}(\varepsilon t)}{e_{\mathrm{OQPSK}}(t)}$
1, −1	1, −1	ε^4
	1, 1	$-\varepsilon^4$
	−1, −1	ε^4
	−1, 1	$-\varepsilon^4$
1, 1	1, −1	$-\varepsilon^4$
	1, 1	ε^4
	−1, −1	$-\varepsilon^4$
	−1, 1	ε^4
−1, −1	1, −1	ε^4
	1, 1	$-\varepsilon^4$
	−1, −1	ε^4
	−1, 1	$-\varepsilon^4$
−1, 1	1, −1	$-\varepsilon^4$
	1, 1	ε^4
	−1, −1	$-\varepsilon^4$
	−1, 1	ε^4

不同时刻的信号比值为定值，因此，证明其具有自相似性。

4.1.5　正交振幅调制信号自相似性证明

正交振幅调制（quadrature amplitude modulation，QAM）是一种振幅和相位联合键控的调制方式，QAM 信号用两个独立的基带波形对两个互相正交的同频载波进行抑制载波的双边带调制，可实现两路并行的数字信息传递。

QAM 信号调制的信号表达式为

$$e_{\text{QAM}}(t) = A_0 g_T(t) \cos(\omega t) + A_1 g_T(t) \sin(\omega t) \tag{4.29}$$

式中，A_0、A_1 为两路基带信号；$g_T(t)$ 为幅度为 1 的单极性不归零方波，则

$$
\begin{aligned}
\frac{e_{\text{QAM}}(\varepsilon t)}{e_{\text{QAM}}(t)} &= \frac{A_0 g_T(\varepsilon t) \cos(\omega \varepsilon t) + A_1 g_T(\varepsilon t) \sin(\omega \varepsilon t)}{A_0 g_T(t) \cos(\omega t) + A_1 g_T(t) \sin(\omega t)} \\
&= \frac{g_T(\varepsilon t)}{g_T(t)} \cdot \frac{A_0 \cos(\omega \varepsilon t) + A_1 \sin(\omega \varepsilon t)}{A_0 \cos(\omega t) + A_1 \sin(\omega t)}
\end{aligned} \tag{4.30}
$$

令 $f(t) = \dfrac{g_T(\varepsilon t)}{g_T(t)}$，$h(t) = \dfrac{A_0 \cos(\omega \varepsilon t) + A_1 \sin(\omega \varepsilon t)}{A_0 \cos(\omega t) + A_1 \sin(\omega t)}$，假设 g 的取值为 1 和 m，则

$$
f(t) = \begin{cases}
1, & \text{分子、分母同为1或}m \\
m, & \text{分子为}m，\text{分母为1} \\
\dfrac{1}{m}, & \text{分子为1，分母为}m
\end{cases} \tag{4.31}
$$

$$
\begin{aligned}
h(t) &= \frac{A_0 \cos(\omega \varepsilon t) + A_1 \sin(\omega \varepsilon t)}{A_0 \cos(\omega t) + A_1 \sin(\omega t)} = \frac{\sqrt{A_0^2 + A_1^2}\, \sin\!\left(\omega \varepsilon t + \arctan\!\left(\dfrac{A_0}{A_1}\right)\right)}{\sqrt{A_0^2 + A_1^2}\, \sin\!\left(\omega t + \arctan\!\left(\dfrac{A_0}{A_1}\right)\right)} \\
&= \frac{\sin\!\left(\omega \varepsilon t + \arctan\!\left(\dfrac{A_0}{A_1}\right)\right)}{\sin\!\left(\omega t + \arctan\!\left(\dfrac{A_0}{A_1}\right)\right)} = \frac{\cos\!\left(\omega \varepsilon t + \arctan\!\left(\dfrac{A_0}{A_1}\right) - \dfrac{\pi}{2}\right)}{\cos\!\left(\omega t + \arctan\!\left(\dfrac{A_0}{A_1}\right) - \dfrac{\pi}{2}\right)} \approx \varepsilon^4
\end{aligned} \tag{4.32}
$$

综上，当 t 时刻和 εt 时刻传输的码元相同时，即同为 1 或 0 时，有

$$\frac{e_{\text{QAM}}(\varepsilon t)}{e_{\text{QAM}}(t)} \approx \varepsilon^4 \tag{4.33}$$

当 t 时刻传输码元为 1、εt 时刻传输码元为 0 时，有

$$\frac{e_{\text{QAM}}(\varepsilon t)}{e_{\text{QAM}}(t)} \approx m \cdot \varepsilon^4 \qquad (4.34)$$

当 t 时刻传输码元为 0、εt 时刻传输码元为 1 时，有

$$\frac{e_{\text{QAM}}(\varepsilon t)}{e_{\text{QAM}}(t)} \approx \frac{\varepsilon^4}{m} \qquad (4.35)$$

不同时刻的信号比值为定值，因此，证明其具有自相似性。

4.1.6 Hurst 指数分形特征验证

Hurst 指数可以用来衡量一个非线性随机序列是否具有自相似性。所以我们通过计算 Hurst 指数来验证电磁环境信号序列的自相似性。具体采用的计算方法是英国水利学家 Hurst 提出的 R/S 算法。

计算方法如下。

（1）将时间序列分割成不同的片段。例如，将某序列按照以下六种规格分割：

①单个片段大小是整个序列，分成 1 组；

②单个片段大小是序列的 1/2，分成 2 组；

③单个片段大小是序列的 1/4，分成 4 组；

④单个片段大小是序列的 1/8，分成 8 组；

⑤单个片段大小是序列的 1/16，分成 16 组；

⑥单个片段大小是序列的 1/32，分成 32 组。

（2）计算每个片段的均值，按照步骤（1）的六种分法总共要计算 $1 + 2 + 4 + 8 + 16 + 32 = 63$ 个均值：

$$m_j = \frac{1}{n}\sum_{i=1}^{n} x_i, \quad j = 1,2,\cdots,63 \qquad (4.36)$$

注意针对每个片段计算，n 为每个片段中的序列点数目。

（3）针对每个片段计算离差序列（即 63 个离差序列）：

$$y_i = x_i - m_j, \quad i = 1,2,\cdots,n, \quad j = 1,2,\cdots,63 \qquad (4.37)$$

式中，$Y = [y_1, y_2, \cdots, y_n]$ 为每个片段计算出的离差序列；x_i 为片段中的元素。

（4）计算每个离差序列的最大差距，因此我们会计算出 63 个最大差距：

$$r_j = \max(y_1, y_2, \cdots, y_n) - \min(y_1, y_2, \cdots, y_n), \quad j = 1,2,\cdots,63 \qquad (4.38)$$

式中，r_j 为每个离差序列的最大差距。

（5）计算每个片段的标准差：

$$\sigma_j = \sqrt{\frac{1}{n}\sum_{i=1}^{n}(x_i - m_j)^2}, \quad j = 1,2,\cdots,63 \qquad (4.39)$$

（6）计算每个片段的 R/S 值：

$$\left(\frac{R}{S}\right)_j = \frac{r_j}{\sigma_j}, \quad j = 1, 2, \cdots, 63 \tag{4.40}$$

式中，σ_j 为每个片段的标准差。

（7）将其各个片段的 R/S 值求平均得到平均的 R/S 值（ARS），例如，在分 4 个片段的时候：第一个片段大小是序列的 1/4，该片段的 R/S 值为 83.04；第二个片段大小是序列的 1/4，该片段的 R/S 值为 63.51；第三个片段大小是序列的 1/4，该片段的 R/S 值为 84.16；第四个片段大小是序列的 1/4，该片段的 R/S 值为 88.09。那么，各个片段的平均 R/S 值 =（83.04 + 63.51 + 84.16 + 88.09）÷ 4 = 79.70。

（8）计算 Hurst 指数：

①将每种分段方法的片段大小（size）和各个片段的 ARS 对 10 取对数；

②这样就有了 6 组对数序列。将 lg10(ARS)作为因变量 Y，lg10(size)作为解自变量 X，线性回归估计斜率 H，H 就是 Hurst 指数。

以 5 种通信调制信号时间序列为例，基于 MATLAB 编程实现 R/S 算法。初始基带序列随机生成（包含 2000 个码元），片段数序列有 10 个单元。Hurst 指数计算结果如表 4.3 所示。

表 4.3　不同调制信号的 Hurst 指数

信号序列	Hurst 指数
2ASK	0.53
2FSK	0.54
2PSK	0.53
OQPSK	0.84
QAM	0.55

值得注意的是，计算 Hurst 指数时，最终的结果与随机序列本身和片段数相关联。所以改变初始基带序列时，Hurst 指数也会随着改变。我们选取出现频率最高的 Hurst 指数将其作为该信号的代表值。一般认为，当 1/2＜Hurst 指数＜1 时，说明信号具有自相似性。上述仿真实验结果中 5 种通信调制信号的 Hurst 指数均大于 0.5，说明均有自相似性。

4.2　传统一维分形维数特征提取算法

分形理论是非线性学科的一个重要分支，是描述自然界复杂性和不规则性的一个新的科学方法和理论。近年来，分形理论受到了各个学科的关注，并被成功地应用于自然科学和社会科学等很多领域，给人们提供了一个新的描述客观世界的方法与工具。在信号处理、通信系统等领域，分形理论也具有良好的应用前景。对于离散化的通信信号，分形维数能够刻画其几何尺度信息和不规则程度。目前，常见的可应用于信号处理的一维分形维数有分形盒维数、Higuchi 分形维数、Petrosian 分形维数、Katz 分形维数、Sevcik 分形维数等。其中，分形盒维数由于计算简单，成为在实际信号处理中最为常用的一类分形维数[3-6]。

4.2.1　分形盒维数

分形维数是刻画物体复杂度特征的一种工具，其计算方法有很多种，其中，盒维数算法简单且计算量较小，能够很好地表征信号的复杂度特征。

设 (X,d) 为一个度量空间，M 为 X 的非空紧集族，A 是 X 中的一个非空紧集，对于每个正数 ε，覆盖 A 的最小盒子的数目可以用 $N(A,\varepsilon)$ 来表示，盒子边长为 ε，则

$$N(A,\varepsilon) = \left(M : A \subset \sum_{i=1}^{M} N(x_i,\varepsilon) \right) \tag{4.41}$$

式中，$x_1,x_2,\cdots,x_M$ 是 X 的不同点。则定义盒维数为

$$D_b = \lim_{\varepsilon \to 0} \frac{\ln N(A,\varepsilon)}{\ln(1/\varepsilon)} \tag{4.42}$$

设离散信号为 $x(i)$，则其最高分辨率为采样间隔 ε，采用近似算法令覆盖信号盒子的最小边长为采样间隔 ε，依次计算网格计数 $N_{k\varepsilon}$，即边长为 $k\varepsilon$ 的盒子的网格覆盖离散信号 $x(i)$ 的个数，则

$$s_1 = \max\{x_{k(i-1)+1}, x_{k(i-1)+2}, \cdots, x_{k(i-1)+k+1}\} \tag{4.43}$$

$$s_2 = \min\{x_{k(i-1)+1}, x_{k(i-1)+2}, \cdots, x_{k(i-1)+k+1}\} \tag{4.44}$$

$$s(k\varepsilon) = \sum_{i=1}^{N_0/k} |s_1 - s_2| \tag{4.45}$$

式中，$i=1,2,\cdots,N_0/k$，$k=1,2,\cdots,K$；N_0 为采样点数，且 $K < N_0$；$s(k\varepsilon)$ 为信号纵向坐标的尺度范围。则 $N_{k\varepsilon}$ 表示为

$$N_{k\varepsilon} = s(k\varepsilon)/k\varepsilon + 1 \tag{4.46}$$

选择拟合曲线 $\lg k\varepsilon \sim \lg N_{k\varepsilon}$ 中线性度好的一段作为无标度区，则

$$\lg N_{k\varepsilon} = a\lg k\varepsilon + b \tag{4.47}$$

式中，$k_1 \leqslant k \leqslant k_2$，$k_1$、$k_2$ 分别为无标度区的起点和终点。理论上，利用最小二乘法计算出该段直线的斜率，即为所要计算离散信号的分形盒维数：

$$D = -\frac{(k_2 - k_1 + 1)\sum \lg k \cdot \lg N_{k\varepsilon} - \sum \lg k \cdot \sum \lg N_{k\varepsilon}}{(k_2 - k_1 + 1)\sum \lg^2 k - \left(\sum \lg k\right)^2} \tag{4.48}$$

分形盒维数没有绝对上的意义，只有相对比较的价值。因此，工程应用中，对于几种信号应该采用相同的处理方法计算不同信号的盒维数，这样，才具有比较价值。

根据盒维数的定义，在讨论其基本性质后，对分形盒维数的抗噪性能进行分析如下。

设信号序列：

$$y(i) = x(i) + n(i) \tag{4.49}$$

式中，$i = 1, 2, \cdots, N_0$；$x(i)$ 为有用信号；$n(i)$ 为加性噪声。

令 N 表示覆盖整个平面的所有盒子数，$N_i(y)$ 表示覆盖一定信噪比下的信号的盒子数，$N_i(x)$ 表示覆盖有用信号的盒子数，$N_i(n)$ 表示覆盖干扰的盒子数，则有

$$N_i(y) = N_i(x) + N_i(n) \tag{4.50}$$

所以，信号波形点 $(i, y(i))$ 所占盒子数在所有盒子中的概率 $p_i(y)$ 可以表示为

$$p_i(y) = \frac{N_i(y)}{N} = \frac{N_i(x) + N_i(n)}{N} = p_i(x) + \Delta_i(n) \tag{4.51}$$

式中，$\Delta_i(n) = N_i(n) / N$。由于 N 较大，$N_i(n)$ 较小，故有

$$p_i(y) = p_i(x) + \Delta_i(n) \approx p_i(x) \tag{4.52}$$

由式（4.52）可以看出，噪声对分形盒维数的影响较小，对于识别信号具有良好的抗噪性能。因此，利用分形盒维数特征对信号进行粗分类成为可能。

4.2.2 Higuchi 分形维数

Higuchi 分形维数是一维分形维数的一种，具体定义如下。

假设时间序列为 $x(1), x(2), \cdots, x(N)$，并重构时间序列 x_m^k：

$$x_m^k = \left\{ x(m), x(m+k), x(m+2k), \cdots, x\left(m + \left(\frac{N-m}{k}\right)k\right) \right\} \tag{4.53}$$

式中，N 代表数字序列 x 的总长度；$m = 1, 2, \cdots, k$，代表序列的初始时间值；k 代表相邻两个时间序列的时间间隔。定义符号 [·] 代表取其整数部分，对于每一个重构时间序列 x_m^k，计算序列的平均长度 $L_m(k)$，则

$$L_m(k) = \frac{\sum\limits_{i=1}^{\left[\frac{N-m}{k}\right]} |x(m+ik) - x(m+(i-1)k)| (N-1)}{\left(\dfrac{N-m}{k}\right)k} \tag{4.54}$$

式中，N 仍为数字序列 x 的总长度；$\dfrac{N-1}{\left(\dfrac{N-m}{k}\right)k}$ 为归一化因子。对于所有的

$k=1,2,\cdots,k_{\max}$，计算信号的平均长度 $L_m(k)$，其中，$m=1,2,\cdots,k$，因此，对于每一个 k 值，计算离散时间信号序列总的平均长度：

$$L(k)=\sum_{m=1}^{k}L_m(k) \tag{4.55}$$

此时，离散时间信号序列总的平均长度 $L(k)$ 正比于尺度 k，即

$$L(k)\propto k^{-D} \tag{4.56}$$

对两边同时取对数，可得

$$\ln(L(k))\propto D\cdot\ln\left(\frac{1}{k}\right) \tag{4.57}$$

利用最小二乘法拟合 $\ln\left(\dfrac{1}{k}\right)\sim\ln(L(k))$ 曲线，拟合曲线的斜率 D 即为该曲线的 Higuchi 分形维数。

4.2.3　Petrosian 分形维数

设波形信号由一系列点 $\{y_1,y_2,\cdots,y_N\}$ 组成，首先对其进行二值化，设二值化后的矩阵元素为 z_i，则

$$z_i=\begin{cases}1, & y_i>\mathrm{mean}(y)\\ -1, & y_i\leqslant\mathrm{mean}(y)\end{cases},\ i=1,2,\cdots,N \tag{4.58}$$

式中，$i=1,2,\cdots,N$ 表示信号的点数。则其 Petrosian 分形维数定义为

$$D=\frac{\lg N}{\lg N+\lg\left(\dfrac{N}{N+0.4N_\Delta}\right)} \tag{4.59}$$

式中，N_Δ 为序列 z_i 相邻符号改变的总数：

$$N_\Delta=\sum_{i=1}^{N-2}\left|\frac{z_{i+1}-z_i}{2}\right| \tag{4.60}$$

从 Petrosian 分形维数的基本定义可知，Petrosian 分形维数是一种定义比较简单的分形维数，相对于其他分形维数，计算较为容易。

4.2.4　Katz 分形维数

设波形信号由一系列点 (x_i, y_i) 组成，信号长度为 N。则 Katz 分形维数可由式（4.61）得出：

$$D = \frac{\lg N}{\lg N + \lg\left(\dfrac{d}{L}\right)} \tag{4.61}$$

式中，定义 L 为信号波形的长度，则 L 为

$$L = \sum_{i=1}^{N-2} \sqrt{(y_{i+1} - y_i)^2 + (x_{i+1} - x_i)^2} \tag{4.62}$$

定义 d 为初始点 (x_1, y_1) 到其他点的最大距离，则 d 为

$$d = \max\left(\sqrt{(x_i - x_1)^2 - (y_i - y_1)^2}\right) \tag{4.63}$$

4.2.5　Sevcik 分形维数

同样，设波形信号由一系列点 (x_i, y_i) 组成，信号长度为 N。首先对信号进行归一化，有

$$x_i^* = \frac{x_i - x_{\min}}{x_{\max} - x_{\min}}, \quad y_i^* = \frac{y_i - y_{\min}}{y_{\max} - y_{\min}} \tag{4.64}$$

则 Sevcik 分形维数 D 可由式（4.65）得出：

$$D = 1 + \frac{\ln L + \ln 2}{\ln(2 \times (N-1))} \tag{4.65}$$

式中，*表示归一化处理；L 为波形的长度。则 L 可由式（4.66）得出：

$$L = \sum_{i=1}^{N-2} \sqrt{(y_{i+1}^* - y_i^*)^2 (x_{i+1}^* - x_i^*)^2} \tag{4.66}$$

综上所述，定义的 5 种常用的一维分形维数算法，都是从信号的波形角度对信号进行特征提取。其中，Higuchi 分形维数、Petrosian 分形维数、Katz 分形维数、Sevcik 分形维数的计算方法较为简单，但是，对信号的波形特征提取并不精细，因此，应用范围较少，若对信号的特征进行粗提取，可以优选需要的分形维数，在这里不再详细介绍。对于应用范围较为广泛的分形盒维数，相对于其他几种分形维数算法，对信号的波形特征提取得更为精细，因此，利用分形盒维数对辐射源个体进行识别，并对分形盒维数算法进行了改进，可以取得较好的识别效果。具体特征提取步骤将在以下章节进行详细介绍。

4.2.6　仿真结果与分析

以 9 种调制信号 2ASK、4ASK、2FSK、4FSK、8FSK、2PSK、QPSK、16QAM、32QAM 为例，并对 9 种信号附加相同分布的白噪声信号，在信噪比为−10～20dB 范围内，计算信号的分形盒维数特征、Higuchi 分形维数特征、Petrosian 分形维数特征、Katz 分形维数特征、Sevcik 分形维数特征等 5 种一维分形维数特征，绘制特征曲线如图 4.1～图 4.5 所示。

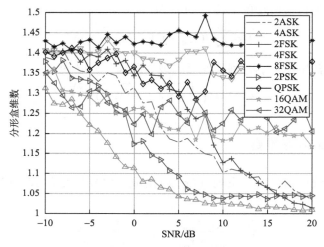

图 4.1　分形盒维数特征

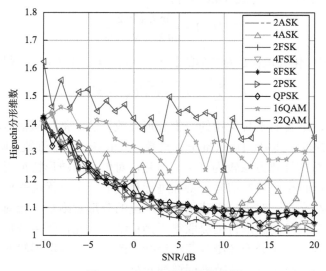

图 4.2　Higuchi 分形维数特征

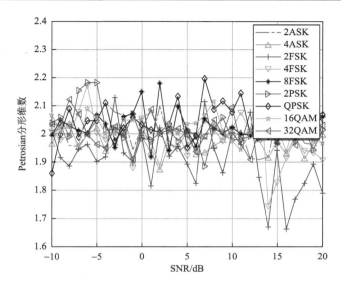

图 4.3　Petrosian 分形维数特征

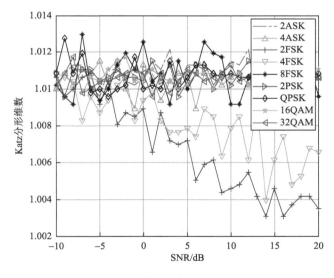

图 4.4　Katz 分形维数特征

从图 4.1~图 4.5 的仿真结果中可以看出，Petrosian 分形维数特征性能较差，绘制出的特征曲线交叠性较大，难以实现对 9 种信号的分类。分形盒维数对于 9 种信号具有最好的分类效果，但是，对于 16QAM 和 32QAM 信号，分形盒维数特征曲线具有较大的交叠，这两种信号可以利用 Higuchi 分形维数特征和 Sevcik 分形维数特征进行区分，但是，整体上来看，各种信号的一维分形特征曲线随着信噪比的变化，并不具有很好的稳定性，低信噪比环境中，一维分形维数很难实现对其进行准确分类，若待分类信号利用一维分形维数可实现分类，那么其具有计算简单、容易实现等特点，若待分类信号利用一维分形维数难以实现分类，则需要利用复杂度较高的多重分形维数和改进分形盒维数来进行分类。

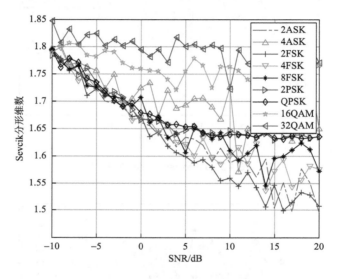

图 4.5　Sevcik 分形维数特征

4.3　改进分形盒维数特征提取算法

分形盒维数算法相对于其他算法而言，具有计算较为简单的优势，在信号处理过程中，也常常被用来分析信号的几何尺度信息。

传统的分形盒维数算法在电磁故障诊断、图像分析以及生物医学这些具有较为严格的自相似信号中已经得到了广泛的应用。然而，对于我们常见的通信辐射源信号，在某种程度上并不满足分形理论中的自相似结构，因此，在利用分形盒维数算法计算其盒维数时，拟合出来的曲线常常不具有很好的线性结构。这样，采用同样的方法计算出的分形盒维数误差必然很大，且对于不同的通信信号，通过盒维数可以进行区分的信号类别有限。为了将分形盒维数算法广泛应用到辐射源信号的类间识别、类内识别中，本节提出了一种改进分形盒维数特征提取算法，来弥补分形盒维数在辐射源个体特征提取中的这一缺陷。

4.3.1　算法实现基本步骤

改进分形盒维数特征提取算法是在传统分形盒维数算法的基础上，对于每一次相空间重构后的分形盒维数拟合曲线进行求导。首先，对离散信号进行重采样，此时可以适当增加采样点数，即减小 ε 值的选取，进而提高计算离散分形盒维数的精度。再对采样信号进行相空间重构，并根据采样点数来确定重构相空间的迭代维数，具体的计算方法如下[7-9]。

设离散信号 F 由 2^n 个采样点构成，为了提高计算精度，对信号 F 进行重采样，设采样点数为 $N = 2^K$ 个（$K > n$），则选择对信号进行相空间重构的维数分别为 $m = K + 1 = 2, 3, 4, \cdots, \log_2 N + 1$，覆盖信号盒子数的推导方法如下。

当 $k = 1$ 时，$p_1 = \max\{x_i, x_{i+1}\}$，$p_2 = \min\{x_i, x_{i+1}\}$，$i = 1, 2, \cdots, N/k$。此时，重构空间维数为 2 维。

当 $k = 2$ 时，$p_1 = \max\{x_{2i-1}, x_{2i}, x_{2i+1}\}$，$p_2 = \min\{x_{2i-1}, x_{2i}, x_{2i+1}\}$，$i = 1, 2, \cdots, N/k$。此时，重构空间维数为 3 维。

当 $k = 3$ 时，$p_1 = \max\{x_{3i-2}, x_{3i-1}, x_{3i}, x_{3i+1}\}$，$p_2 = \min\{x_{3i-2}, x_{3i-1}, x_{3i}, x_{3i+1}\}$，$i = 1, 2, \cdots, N/k$。此时，重构空间维数为 4 维。

当 $k = K$ 时，$p_1 = \max\{x_{K(i-1)+1}, x_{K(i-1)+2}, \cdots, x_{K(i-1)+K+1}\}$，$p_2 = \min\{x_{K(i-1)+1}, x_{K(i-1)+2}, \cdots, x_{K(i-1)+K+1}\}$，$i = 1, 2, \cdots, N/k$。此时，重构空间维数为 $m = K + 1$ 维。

由以上推导可以看出，对离散信号共进行了 K 次相空间重构，每次相空间重构可以对应地得到一个 $N_{k\varepsilon}$，这样，用得到的 K 个 $N_{k\varepsilon}$ 对应 K 个 $k\varepsilon$，绘制出 $\lg k\varepsilon \sim \lg N_{k\varepsilon}$ 的关系曲线图，由于拟合关系并不具有严格的线性关系，因此，利用改进分形盒维数特征提取算法，对得到的 K 个点处的关系曲线求导，得到不同点处的曲线斜率 $D_1, D_2, D_3, \cdots, D_K$，即为不同相空间重构处的分形盒维数。将求得的 $D_1, D_2, D_3, \cdots, D_K$ 作为该离散信号的 K 个特征向量，并作为对该信号进行识别的依据，相对于传统分形盒维数算法，改进分形盒维数特征提取算法求得的盒维数具有更好的识别效果。

4.3.2　仿真结果与分析

为了验证改进广义分形盒维数的特征提取效果，对 6 种辐射源个体信号进行识别，并与传统分形盒维数的识别效果进行仿真对比。仍选用待识别通信辐射源信号 AM、FM、PM、ASK、FSK、PSK 信号，首先提取 2 个较高和较低信噪比下（分别设为 20dB 和−40dB）6 种辐射源信号的传统分形盒维数曲线，仿真结果如图 4.6（a）、（b）所示。

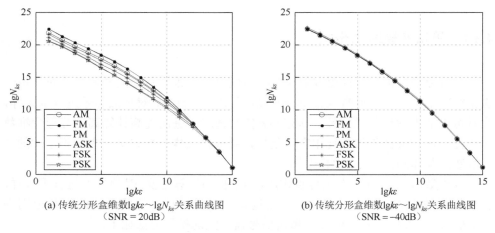

(a) 传统分形盒维数lg$k\varepsilon$～lg$N_{k\varepsilon}$关系曲线图　　　　(b) 传统分形盒维数lg$k\varepsilon$～lg$N_{k\varepsilon}$关系曲线图
（SNR = 20dB）　　　　　　　　　　　　　（SNR = −40dB）

图 4.6　6 种辐射源信号的 lg $k\varepsilon$～lg $N_{k\varepsilon}$ 关系曲线图

图 4.6（a）表示 20dB 信噪比仿真环境下的 lg $k\varepsilon$～lg $N_{k\varepsilon}$ 关系曲线图，图 4.6（b）表示–40dB 信噪比仿真环境下的 lg $k\varepsilon$～lg $N_{k\varepsilon}$ 关系曲线图，横坐标表示 lg $k\varepsilon$ 的对应值，纵坐标表示 lg $N_{k\varepsilon}$ 的对应值。直接选择曲线线性度最好的一段作为无标度区，其斜率即为该信号的盒维数，计算 20dB 信噪比下不同通信辐射源信号的传统分形盒维数，结果如表 4.4 所示。

表 4.4　6 种信号的传统分形盒维数

信号	传统分形盒维数
AM	−1.4343
FM	−1.4818
PM	−1.4863
ASK	−1.3464
FSK	−1.3607
PSK	−1.3292

从表 4.4 中可以看出，虽然各个信号的传统分形盒维数略有不同，但是，FM、PM 信号的盒维数比较接近，ASK、FSK、PSK 信号的盒维数比较接近，因此，若受外界噪声干扰，很容易将信号混淆。

为了更清晰地表征不同信噪比下的传统分形盒维数的特征提取特性，绘制不同信噪比下传统分形盒维数仿真曲线图如图 4.7 所示。从图 4.7 的仿真结果中可以看出，在 0dB 信噪比以下，各个信号的盒维数特征彼此重叠，难以对 6 种信号进行分类。在较高信噪比时，也只能将部分信号区分开，对各个信号的识别难以实现。

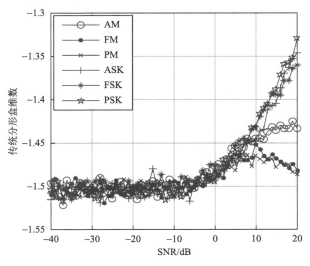

图 4.7　不同信号的传统分形盒维数曲线图

对应图 4.6 的仿真结果，图 4.8（a）、（b）分别表示在信噪比为 20dB 和–40dB 的仿真环境下，将每种信号的 15 个重构空间点的曲线斜率 $D_1, D_2, D_3, \cdots, D_{15}$ 作为特征向量，绘制改进广义分形盒维数计算的信号盒维数关系曲线图。具体参数设置为：$n = 10$，即假设原离散信号共有 1024 个采样点；$K = 15$，即对该离散信号进行 15 次相空间重构，绘制出 $\lg k\varepsilon \sim \lg N_{k\varepsilon}$ 关系曲线图。其中，横坐标表示 $\lg k\varepsilon$ 的对应值，纵坐标表示信号的改进广义分形盒维数 D。

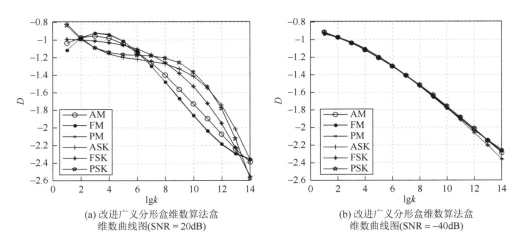

| (a) 改进广义分形盒维数算法盒维数曲线图(SNR = 20dB) | (b) 改进广义分形盒维数算法盒维数曲线图(SNR = –40dB) |

图 4.8　6 种不同辐射源信号的改进广义分形盒维数曲线图

基于改进广义分形盒维数算法，对 6 种通信辐射源信号进行特征提取，并利用自适应熵权的灰色关联算法，在–40dB～20dB 信噪比变化范围下，计算出不同信噪比下的识别准确率，如表 4.5 所示。

表 4.5　不同信噪比下的改进广义分形盒维数特征识别准确率

SNR/dB	特征识别准确率/%
–40	99.86
–30	100
–20	100
–10	100
0	100
10	100
20	100

对比传统分形盒维数对 6 种不同辐射源信号的识别效果与改进广义分形盒维数的识别效果，可以看出，改进广义分形盒维数的识别算法能够对信号的特征进行更详细的刻画，通过建立特征空间，更能够抓住信号之间的微小差异信息，进而对信号进行分类识别，且对信噪比的变化不敏感，再利用灰色关联算法作为分类器进行分类识别，由识别准确率的计算结果可以得出结论，改进广义分形盒维数算法提取的特征向量具有更好的识别效果，即使在很大的信噪比变化范围仍有较高的识别准确率。

4.4　多重分形维数的特征提取算法

多重分形也常被称为多标度分形。1972 年，Mandelbrot 研究湍流的时候，首先提出了多重分形理论，它是定义在分形结构上的由若干个标度指数分形的测度所组成的一个无限集合。多重分形理论主要研究的是事物或者某物理量在几何尺度上的分布，而这种分布经常会表现出某种奇异性（或称为不规则性），为了研究这些物理量的某种奇异特性进而引入了多重分形理论。

4.4.1　多重分形维数基本定义

多重分形描述的是事物不同层次的特征，讨论的是参量的概率分布特性。其把研究对象分为 N 个小区域，设第 i 个区域的线度大小为 ε_i，则第 i 个区域的密度分布函数 P_i 用不同的标度指数 α_i 描述为

$$P_i = \varepsilon_i^{\alpha_i}, \quad i = 1, 2, \cdots, N \tag{4.67}$$

非整数 α_i 一般称为奇异指数，其取值与区域有关。

为了得到一系列子集的分布特性，定义函数 $X_q(\varepsilon)$，它为各个区域的概率加权求和：

$$X_q(\varepsilon) = \sum_{i=1}^{N} P_i^q \qquad (4.68)$$

由此进一步定义广义分形维数 D_q 为

$$D_q = \frac{1}{q-1} \lim_{\varepsilon \to 0} \frac{\ln X_q(\varepsilon)}{\ln \varepsilon} = \frac{1}{q-1} \lim_{\varepsilon \to 0} \frac{\ln\left(\sum_{i=1}^{N} P_i^q\right)}{\ln \varepsilon} \qquad (4.69)$$

$X_q(\varepsilon)$ 显示了各种大小的 P_i 的作用，从式中可以看出，当 $q \gg 1$ 时，$\sum_{i=1}^{N} P_i^q$ 求和中概率大的区域起主要作用，此时的 $X_q(\varepsilon)$ 和 D_q 反映的是概率高区域（稠密区域）的性质；当 $q \to \infty$ 时，可以忽略小的概率，只考虑概率较大的 P_i，从而对 D_q 的计算进行简化。相反地，当 $q \ll 1$ 时，$X_q(\varepsilon)$ 和 D_q 反映的是概率小区域（稀疏区域）的性质。这样，不同概率特性区域的性质通过不同的 q 值进行体现，在加权求和处理之后，一个信号被分成了许多区域，而这些区域，具有不同的奇异程度。因此，就可以分层次来了解信号内部的精细结构。

当 $q = 0, 1, 2$ 时，定义 D_q 分别为容量维数（盒维数）D_0、信息维数 D_1、关联维数 D_2。

本节通过对信号进行相空间重构求取 P_i，对信号的不同概率特性进行特征提取，得到多层次特征提取结果。

4.4.2　系统识别模型

辐射源个体细微特征的提取是电台识别过程中的核心环节，提取特征质量的好坏，直接影响到后续分类器设计的复杂度和最终电台的识别准确率，因此细微特征提取在通信电台识别系统中占有举足轻重的地位。针对辐射源个体识别中的特征提取这一核心内容，本节提出了一种新的辐射源个体特征提取算法，以发射 FSK 信号携带不同分布的噪声为例，利用多重分形维数特征提取电台内部细微的杂散特性分布，再通过灰色关联分类器，对不同的电台进行识别，系统识别流程图如图 4.9 所示。

辐射源个体细微特征可以看作一种随时间变化的随机函数，一般来说，对于纯净的内部噪声信号根据波形就能区分出不同辐射源个体的细微差别，这是一个由整体向局部转换，由宏观向微观深化的过程。分形理论在本质上与之相似，是对没有特征长度但具有一定意义的自相似结构的总称，它具有精细的结构和统计意义下的某种自相似性，其中，分形盒维数反映了信号序列的几何尺度情况，而信息维数能够反映信号序列在分布疏密上的信息。对于通信电台所表现的细微特征，可以利用辐射源个体内部的噪声特性来提取，而这种特征基本体现在内部噪声的幅度、频率、相位上，噪声的波形特性包含了它们在几何以及分布疏密上的信息，因此，利用分形维数来描述电台信号的这种复杂度，提取电台细微特征是可能的，并且，利用扩展的多重分形维数来提取电台内部噪声不同层次、不同概率波形点的结构特征，可以提高对噪声类别的区分数目，更加准确地识别不同辐射源个体所表现的不同细微差别。

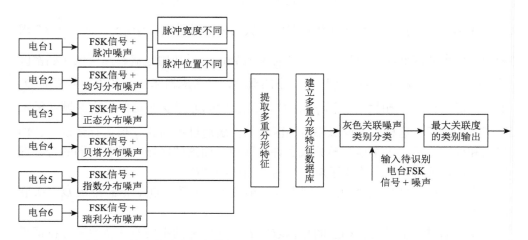

图 4.9　基于多重分形维数的通信辐射源个体细微特征识别系统模型

4.4.3　算法实现基本步骤

本节提出了一种新的基于复杂度特征的辐射源个体特征提取算法，即将多重分形维数理论应用于辐射源个体信号特征提取之中，利用多重分形维数特征，提取辐射源个体信号的细微特征，具体步骤如下[10]。

（1）首先对接收到的未知通信信号进行预处理，即进行离散化。

设接收到的辐射源个体信号为 S，预处理后的离散信号序列为 $\{s(i)\}$，其中 $i=1,2,\cdots,N_0$，表示信号的采样点数，N_0 为信号序列的长度。

（2）将离散化后的信号序列进行重组。

首先对预处理后的离散通信信号序列 $\{s(i)\}$，$i=1,2,\cdots,N_0$，定义以下特征参量：

定义 $n=\log_2 N_0$，表示重组信号不同向量个数的次数；

定义 $t(j)=2^j$，表示第 j 次重组信号中离散信号点的个数，其中，$j=1,2,\cdots,n$，表示重组信号次数的取值。

定义数字序列：

$$T(j) = \frac{N_0}{t(j)} = \frac{N_0}{2^j} \qquad (4.70)$$

式中，$j = 1, 2, \cdots, n$。则重组信号序列 $S(j)$ 的定义方法为

$$S(j) = s(T(j) \cdot (t(j) - 1) + T_0(j)) \qquad (4.71)$$

式中，$T_0(j) = (1 : T(j))$，$j = 1, 2, \cdots, n$。

（3）对重组的特征向量进行多重分形维数运算，选择不同的维数，提取通信信号的多重分形维数特征。

多重分形维数描述的是事物不同层次的特征，一个多重分形可以看作由不同维数的分形子集组成的并集，把研究对象分为 M 个小区域，取第 i 个区域的线度大小为 ε_i，第 i 个区域的密度分布函数为 P_i，则不同区域 i 的标度指数 α_i 可以描述为

$$P_i = \varepsilon_i^{\alpha_i}，\quad i = 1, 2, \cdots, M \qquad (4.72)$$

非整数 α_i 称为奇异指数，表示第 i 区域的分形维数。一个信号可以划分为许多不同的小区域，因此可以得到由一系列不同的 α_i 所组成的变量 $f(\alpha)$，则 $f(\alpha)$ 成为信号的多重分形谱。

定义函数 $X_q(\varepsilon)$ 为各个区域的概率加权求和，ε 为线度大小，q 为密度分布函数 P_i 的幂数，即

$$X_q(\varepsilon) = \sum_{i=1}^{M} P_i^q \qquad (4.73)$$

定义广义分形维数 D_q 为

$$D_q = \frac{1}{q-1} \lim_{\varepsilon \to 0} \frac{\ln X_q(\varepsilon)}{\ln \varepsilon} = \frac{1}{q-1} \lim_{\varepsilon \to 0} \frac{\ln\left(\sum_{i=1}^{M} P_i^q\right)}{\ln \varepsilon} \qquad (4.74)$$

由此，对步骤（2）中的每一个重组信号 $S(j)$ 求和，$S(j)$ 表示第 j 个重组信号，即

$$S_j = \sum S(j) = \sum s(T(j) \cdot (t(j) - 1) + T_0(j)) = \sum_{T_0(j)=1}^{T(j)} s(T(j) \cdot (t(j) - 1) + T_0(j)) \qquad (4.75)$$

式中，S_j 为第 j 次重组信号的和，$j = 1, 2, \cdots, n$。

再对整个离散信号序列求和，和为 S，即

$$S = \sum_{i=1}^{N_0} s(i) \qquad (4.76)$$

式中，$i = 1, 2, \cdots, N_0$。$s(i)$ 为离散信号序列的第 i 个采样点值，则第 j 个概率测度 P_j 定义为

$$P_j = \frac{S_j}{S} \tag{4.77}$$

式中，$j = 1, 2, \cdots, n$，$n = M$。

将 P_j 代入多重分形维数 D_q 的计算公式中即可得到信号的多重分形维数特征。

（4）对提取的未知信号特征利用灰色关联分类器与数据库中的已知调制类型信号的多重分形维数特征进行关联计算，判断该信号的调制类型为关联度最大的信号的调制类型，即实现了对辐射源个体信号的分类识别。

在 $-q_0 \sim q_0$ 取 q 值，则计算出信号的多重分形维数共有 $2q_0 + 1$ 重特征，每重特征即每个 q 值对应共有 $n = \log_2 N_0$ 个特征点，对于一个辐射源个体信号，构成的特征向量共有 $N = (2q_0 + 1) \cdot n = (2q_0 + 1) \cdot \log_2 N_0$ 个特征点值，将其构成一个未知信号的多重分形特征序列 F_0，利用灰色关联理论对此特征序列与数据库中的已知信号的特征序列 F_i 进行关联，设 $\xi(F_0, F_i)$ 表示两个序列的关联度，设共有 k 种不同的辐射源个体特征模板，则辐射源个体的种类 $i = 1, 2, \cdots, k$，构成的特征矩阵为

$$\begin{cases} F_0 = (D_{-q_0}^0(1), D_{-q_0}^0(2), \cdots, D_{-q_0}^0(n), D_{-q_0+1}^0(1), \cdots, D_{-q_0+1}^0(n), D_{q_0}^0(1), D_{q_0}^0(2), \cdots, D_{q_0}^0(n)) \\ F_1 = (D_{-q_0}^1(1), D_{-q_0}^1(2), \cdots, D_{-q_0}^1(n), D_{-q_0+1}^1(1), \cdots, D_{-q_0+1}^1(n), D_{q_0}^1(1), D_{q_0}^1(2), \cdots, D_{q_0}^1(n)) \\ \qquad\qquad\qquad\qquad\qquad\qquad\qquad\qquad\qquad\qquad \vdots \\ F_i = (D_{-q_0}^i(1), D_{-q_0}^i(2), \cdots, D_{-q_0}^i(n), D_{-q_0+1}^i(1), \cdots, D_{-q_0+1}^i(n), D_{q_0}^i(1), D_{q_0}^i(2), \cdots, D_{q_0}^i(n)) \\ \qquad\qquad\qquad\qquad\qquad\qquad\qquad\qquad\qquad\qquad \vdots \\ F_k = (D_{-q_0}^k(1), D_{-q_0}^k(2), \cdots, D_{-q_0}^k(n), D_{-q_0+1}^k(1), \cdots, D_{-q_0+1}^k(n), D_{q_0}^k(1), D_{q_0}^k(2), \cdots, D_{q_0}^k(n)) \end{cases}$$

$$\tag{4.78}$$

式中，$i = 1, 2, \cdots, k$ 表示调制方式的个数。

由此定义灰色关联系数 $\xi(F_0, F_i)$ 的计算方法为

$$\xi(F_0, F_i) = \frac{\min\limits_i \min\limits_N |F_0(N) - F_i(N)| + \rho \cdot \max\limits_i \max\limits_N |F_0(N) - F_i(N)|}{|F_0(N) - F_i(N)| + \rho \cdot \max\limits_i \max\limits_N |F_0(N) - F_i(N)|} \tag{4.79}$$

式中，$N = 1, 2, \cdots, (2q_0 + 1) \cdot \log_2 N_0$ 表示每种信号特征向量的第 N 个特征；ρ 为分辨系数，定义域 $\rho \in (0, 1)$，这里取值为 0.5，由此，未知信号的多重分形维数特征值 F_0 与数据库中已有模板辐射源个体的特征值 F_i 之间的灰色关联度 $\xi_0(F_0, F_i)$ 定义为

$$\xi_0(F_0, F_i) = \frac{1}{k} \sum_{i=1}^k \xi(F_0, F_i) \tag{4.80}$$

此灰色关联度为所求未知辐射源个体与已知数据库中的辐射源个体的关联度值，选择未知信号与已知辐射源个体信号关联度最大的辐射源个体类型，判断为该信号所属的辐射源个体，进而实现对辐射源个体的分类识别。

4.4.4　仿真结果与分析

同一条生产线上任意两部相同的电台,内部元件之间也存在着微小的差异。在电台通信过程中,这种细微的差异在发射出的信号中会以某些细微特征表现出来。以不同通信电台同时发射 FSK 信号为例,在 FSK 信号上附加不同分布的噪声,利用多重分形维数提取这种附加在信号上的细微噪声差别,提取通信电台指纹特征。

实验 1 为了验证多重分形维数能够提取信号复杂度特征的特性,用 MATLAB 仿真随机产生 100 个 FSK 信号样本,利用蒙特卡罗模拟实验,将产生的两种色噪声加到 FSK 信号上,作为含有电台内部器件细微特征的输出,并计算出其多重分形曲线图,其中,q 的取值范围为−10～10,得到 21 重不同的分形曲线图,体现出信号 21 个层次的不同细微特征,仿真结果如图 4.10 所示。

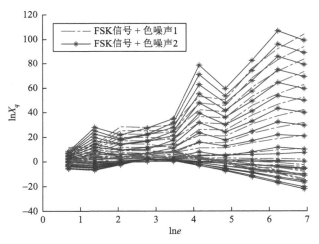

图 4.10　FSK 混有不同色噪声的多重分形曲线对比

其中,横坐标代表重构相空间的维数,记为 $\ln e$,纵坐标代表 $\ln\left(\sum\limits_{i=1}^{M} P_i^q\right)$,记为 $\ln X_q$。

从仿真结果中可以看出以下几个方面。

(1)当重构相空间维数较小时,不同概率层次的差异较小,没有体现出信号更深层次的区别,当重构空间比较大时,把信号分成不同的区域来研究,计算不同区域的概率特性,得到的对信号的检测计算结果就比较精细,区别就更大。

(2)在根据 q 值的不同突出不同概率特性区域的特征,曲线从下到上分别是 q 取−10～10 时的分布曲线,由此可知,当 q 值取得较大时,信号之间的差距更明显。

　　由于不同色噪声的分布不同，利用多重分形维数可以检测到附加到 FSK 信号上的这种复杂度的变化，其多重分形曲线有明显的区别，利用灰色关联理论对两种色噪声进行识别，可以达到 100% 的识别准确率。

　　实验 1 是对附加在 FSK 信号上的两种随机色噪声进行分类，对于噪声的分布特征刻画并不全面。因此，利用实验 2 证明该算法对不同信道传输噪声环境中的电台信号的识别能力。同样以通信电台发射的 FSK 信号为例，产生 5 种不同分布的噪声序列附加于 FSK 信号上，每种分布随机产生 1000 个样本，利用蒙特卡罗模拟实验，探讨多重分形维数对混合在 FSK 信号中的不同分布噪声序列的识别效果，计算 FSK 信号和不同分布噪声序列的多重分形特性曲线图，仿真结果如图 4.11 所示（纵坐标 A 代表幅度值）。从仿真图中可以看出，附加不同分布噪声序列的 FSK 信号的多重分形维数曲线略有差别，利用灰色关联分类器，对各个重构空间得到的分形维数结果进行关联度计算，可以达到很好的对电台的识别效果。

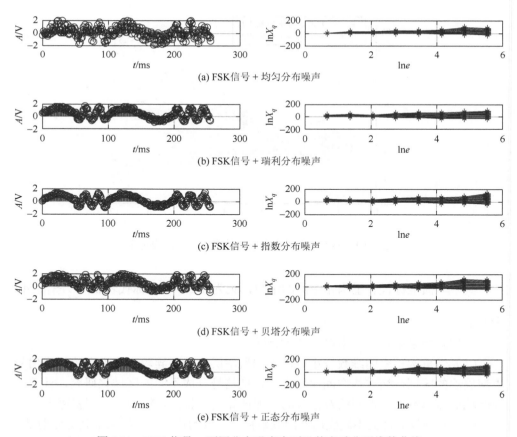

图 4.11　FSK 信号 + 不同分布噪声序列及其多重分形维数曲线

信息熵是用于衡量信号分布不确定性和信号复杂程度的重要指标，常作为信号内部蕴含信息的定量描述，因此，也可以用其对噪声的复杂度特征进行检测提取。如今，信息熵已经在多领域得到了比较广泛的应用。文献[11]利用信息熵和概率神经网络对海战场目标进行识别，达到了很好的识别效果。本实验分别提取了附加不同分布噪声的 FSK 信号的信息熵特征与多重分形特征，并对比了不同信噪比下的特征识别效果，识别准确率计算对比如表 4.6 所示，识别时间对比如表 4.7 所示。

表 4.6　2 种特征提取方法不同信噪比下识别准确率

SNR/dB	多重分形维数特征识别准确率/%	熵特征识别准确率/%
−20	100	80.8
−10	100	83.2
0	100	85.4
10	100	94.6
20	100	97.6

表 4.7　2 种特征提取方法识别时间

识别方法	识别时间/ms
多重分形维数特征识别	14.2
熵特征识别	10.2

仿真结果显示，不同分布序列的多重分形曲线有所差别，利用灰色关联理论可以实现对其进行区分，具有非常好的识别效果。从表 4.6 的对比中可以看出，对于不同信噪比下附加不同分布的噪声序列的 FSK 信号，利用多重分形特征进行识别的效果优于熵特征的识别效果，即使在很低的信噪比下，即信号已经完全被噪声所淹没，仍具有较高的识别准确率。但是，在识别时间上，熵特征的识别方法略优于多重分形特征，即在计算复杂度上，熵特征的识别方法比多重分形维数的识别方法简单些。

实验 3 以发射附加相同分布脉冲噪声的 FSK 信号的通信电台为例，探讨对于相同分布的 FSK 信号序列，附加噪声的脉冲位置和脉冲宽度不同时的这种细微的差异，多重分形特征可否检测。脉冲噪声序列由 1024 个点构成，其中，一个脉冲信号在第 401～403 个点处产生 1 个脉冲宽度为 3 的脉冲，另一个脉冲信号在第 701～703 个点处产生脉冲宽度为 3 的脉冲，计算出的多重分形维数曲线仿真结果如图 4.12 所示。同样由 1024 个点构成的脉冲序列，附加在 FSK 信号上的一个脉冲序列的脉冲宽度为 1，另一个脉冲序列的脉冲宽度为 3，计算出的多重分形维数曲线仿真结果如图 4.13 所示。

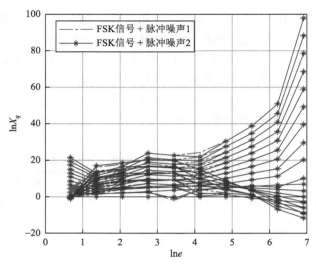

图 4.12　噪声脉冲位置不同时的多重分形曲线图

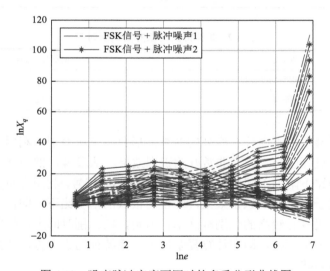

图 4.13　噪声脉冲宽度不同时的多重分形曲线图

　　从图 4.12 和图 4.13 的仿真结果中可以得出如下结论。

　　（1）在脉冲位置发生变化时，重构相空间维数的增加会淡化脉冲位置变化的特征，只有在较低的相空间维数下，信号的多重分形维数才有所区别。

　　（2）在 q 值取较小时，两种变化的多重分形维数的区别很小，难以进行分类，因此，信号概率大区域的特征区别更加明显。

　　（3）从曲线的分布图中可以看出，噪声中脉冲宽度变化对多重分形维数的影响大于脉冲位置变化对多重分形维数的影响。

由于每次通信电台发射信号上的附加噪声都是随机产生的，每次随机产生的噪声都会有所不同，但是相同的是每次产生噪声的脉冲位置和脉冲宽度，因此，在保证脉冲位置和脉冲宽度不变的情况下随机产生附加在 FSK 信号上的相同分布的噪声，具有更好的普遍性与应用性。对每种附加噪声的 FSK 信号随机产生 100 个样本，利用蒙特卡罗模拟实验计算识别效果。由于噪声产生的这种随机性，噪声的随机分布有所差别，因此，不同的产生次数得到的识别准确率也有所差别，本实验是对信号进行 6 次仿真，每次 2 种分布随机产生 200 个噪声序列，并利用灰色关联理论进行分类识别。同样的背景下，提取噪声的熵特征进行识别，2 种方法的识别准确率计算结果如表 4.8 和表 4.9 所示，计算识别时间对比如表 4.10 所示。

表 4.8　脉冲位置不同时 2 种特征提取方法识别准确率比较

次数	多重分形特征识别准确率/%	熵特征识别准确率/%
1	100	95.5
2	97.5	92.0
3	96.0	80.0
4	100	82.5
5	99.0	79
6	99.5	85.5
平均值	98.7	85.8
方差	2.57	44.7

表 4.9　脉冲宽度不同时 2 种特征提取方法识别准确率比较

次数	多重分形特征识别准确率/%	熵特征识别准确率/%
1	100	83.5
2	98.5	92.0
3	100	70.5
4	98.0	73.0
5	100	66.0
6	98.5	92.5
平均值	99.2	79.6
方差	0.87	129.3

表 4.10　2 种特征提取方法识别时间比较

识别方法	识别时间/ms
多重分形特征识别	13.8
熵特征识别	10.1

从表 4.8～表 4.10 的对比仿真结果中可以得知，基于熵特征的特征提取算法在衡量噪声特征细微变化时，没有基于多重分形维数的特征提取算法衡量得更为精确，最终的识别准确率相对于多重分形维数特征而言较低，且在噪声随机产生的条件下，识别准确率不稳定，波动方差较大，但是，在计算复杂度上，基于多重分形维数的特征较熵特征相对复杂一些，计算时间较长，但相对于更好的识别准确率和稳定性而言，通信电台的这种多重分形特征具有更广泛的应用价值。

分形维数是刻画分形体复杂程度的一个重要工具。针对辐射源个体细微特征提取中低信噪比下信号特征难以提取的问题，本章提出了一种改进的广义分形盒维数算法以及多重分形维数算法，对较低信噪比下的辐射源个体细微特征进行提取。改进的广义分形盒维数算法可以对普通的辐射源信号特征进行有效的刻画，提取在不同重构相空间条件下的辐射源信号广义分形盒维数特征，将传统的一维特征盒维数扩充为多维特征盒维数，从而实现了对信号特征更为详细的刻画。从仿真结果中可以看出，改进的广义分形盒维数算法优于传统分形盒维数算法，利用多个盒维数构成特征向量对 6 种不同类型的辐射源信号进行识别，具有更高的识别准确率。虽然改进的广义分形盒维数对于通信辐射源个体信号类型的识别具有较好的识别效果，但是对于附加于相同信号上的不同辐射源个体细微特征，难以在低信噪比下进行有效的特征提取。因此，本章提出了基于多重分形维数的特征提取算法，对发射相同信号的不同的辐射源个体细微特征进行识别。仿真结果表明，虽然基于多重分形维数的特征提取算法相对于一维特征提取算法，在计算复杂度上有所增加，但是在低信噪比下的辐射源个体细微特征提取上，具有更好的应用价值。即使在 –20dB 的信噪比下，仍具有较高的识别准确率。

参 考 文 献

[1] Li J C，Ying Y L，Ji C L. Study on radio frequency signal gene characteristics from the perspective of fractal theory[J]. IEEE Access, 2019, (7): 124268-124282.

[2] Li J C，Ying Y L，Lin Y. Verification and recognition of fractal characteristics of communication modulation signals[C]. 2019 IEEE 2nd International Conference on Electronic Information and Communication Technology, Harbin, 2019: 17-38.

[3] Li Y B，Li J C，Lin Y. Parameter estimation of LFM signal based on fractal box dimension[J]. Systems Engineering and Electronics, 2012, 34 (1): 24-27.

[4] 李一兵，李靖超，林云. 基于分形盒维数的 LFM 信号参数估计[J]. 系统工程与电子技术, 2012, 34 (1): 24-27.

[5] Li J C，Ying Y L. Individual radiation source identification based on fractal box dimension[C]. 2nd International Conference on Systems and Informatics (ICSAI), Shanghai, 2014: 676-681.

[6] Li Y B，Li J C，Lin Y. The identification of communication signals based on fractal box dimension and index entropy[J]. Journal of Convergence Information Technology, 2011, 6 (11): 201-208.

[7] Li Y B，Li J C，Ge J. The application of improved generalized fractal box-counting dimension algorithm in emitter

signals recognition[J]. Journal of Information and Computational Science，2011，8（14）：3011-3017.

[8]　　Li Y B，Li J C，Lin Y. The identification of communication signals based on fractal box dimension and index entropy[J]. Journal of Convergence Information Technology，2011，6（11）：201-208.

[9]　　Chen X，Li J C，Han H，et al. Improving the signal subtle feature extraction performance based on dual improved fractal box dimension eigenvectors[J]. Royal Society Open Science，2018，5（5）：1-13.

[10]　李靖超，陈志敏. 基于多重分形维数的改进信号特征提取算法[J]. 上海电机学院学报，2017，20（1）：6-10.

[11]　Wang H，Li J C，Guo L L，et al. Fractal complexity based features extraction algorithm of communication signals[J]. Fractal，2017，25（4）：1-13.

第 5 章　基于瞬态信号的通信辐射源个体识别方法

信息安全是构建可靠、稳健物联网的关键。来自物联网非法接入设备的数据攻击会对整个网络造成严重的干扰和威胁。因此，设计一种有效的基于射频指纹的物理层认证系统具有重要意义。基于瞬态信号的指纹识别技术是在设备开启/关闭的瞬间，对所发送的一段瞬态/暂态信号进行射频指纹提取的过程。瞬态信号不包含任何数据信息，只体现发射机的硬件特征，具有独立性，射频指纹最初就是从瞬态信号中提取的，如瞬态信号的持续时间、分形维数特征、频谱特性、时域包络、小波系数等。针对瞬态/暂态信号，本章提出了三种基于信号局部尺寸行为特征的射频指纹提取方法，用于物联网轻量级物理层认证。为验证所提方法的有效性，采用 10 台同厂家、同型号、同批次的摩托罗拉对讲机进行测试，其中方法 1 和方法 2 在 20dB 信噪比下的总体平均识别准确率为 100%。并且在 10dB 信噪比下，方法 1 的总体平均识别准确率仍然可以达到 96.67%，方法 2 的总体平均识别准确率也能维持在 91.33%。

5.1　基于 Hilbert 变换与多重分形维数特征提取的射频指纹识别方法

从目前射频指纹识别的研究现状来看，提取具有独特原生属性的射频指纹仍然是一件极具挑战性的任务，提取的射频指纹仍然受大量因素的制约，在射频指纹产生机理、特征提取和特征选择方面，以及在射频指纹的鲁棒性和抗信道环境干扰等方面，还有大量问题有待研究。本节针对现有基于瞬态信号的射频指纹识别技术对极为相似的通信辐射源个体（特别是同厂家、同型号、同批次的无线设备）识别准确率低的问题，提出了一种基于 Hilbert 变换与多重分形维数特征提取的通信辐射源个体识别方法，以提高基于瞬态信号的射频指纹识别技术对通信辐射源个体的识别准确率。

5.1.1　算法实现基本步骤

本节提出的基于 Hilbert 变换与多重分形维数特征提取的通信辐射源个体识别方法，其特征在于，首先通过接收机对通信辐射源个体的射频瞬态信号片段进行采集，然后经过 Hilbert 变换与多重分形维数特征提取后的特征向量，即可作为发射机的射频指纹，最后输入灰色关联分类器对发射机的射频指纹进行识别，可实现对通信辐射源的调制识别、个体识别，以及物联网设备物理层认证等。本节所采用的技术方案如图 5.1 所示。

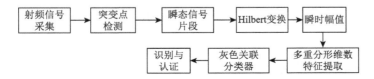

图 5.1　本节所采用的技术方案

　　上述的对通信辐射源个体的射频瞬态信号片段进行采集，其特征在于，接收机采集的射频信号是暂态信号（瞬态信号），即在无线设备开启/关闭的瞬间，所发送的一段瞬态/暂态信号。

　　另外，上述的基于 Hilbert 变换与多重分形维数特征的瞬态信号射频指纹提取方法，其特征在于，在无线设备开启/关闭的瞬间，对所发送的一段瞬态/暂态信号进行采集，首先经过 Hilbert 变换提取瞬态信号片段的瞬时包络（瞬时幅值），再用多重分形维数特征对瞬时包络进行特征提取（每个特征向量有 231 个特征参数组成）。

　　最后，上述的基于灰色关联分类器的射频指纹识别方法，其特征在于，提取的多重分形维数特征通过灰色关联分类器来识别。

　　灰色关联分类器适用于基于边缘物联代理的物理层身份认证的原因在于：①不需要消耗大量的计算资源用于离线训练过程；②适用于小样本学习分类情况。

　　假设从待识别物联网设备中提取的射频指纹描述如下：

$$B_1 = \begin{bmatrix} b_1(1) \\ b_1(2) \\ b_1(3) \\ \vdots \\ b_1(q) \end{bmatrix}, \ B_2 = \begin{bmatrix} b_2(1) \\ b_2(2) \\ b_2(3) \\ \vdots \\ b_2(q) \end{bmatrix}, \cdots, B_i = \begin{bmatrix} b_i(1) \\ b_i(2) \\ b_i(3) \\ \vdots \\ b_i(q) \end{bmatrix}, \cdots \qquad (5.1)$$

式中，$B_i\,(i=1,2,\cdots)$ 是待识别的某个物联网设备身份。

　　假设物联网合法终端设备的射频指纹知识库如下：

$$C_1 = \begin{bmatrix} c_1(1) \\ c_1(2) \\ c_1(3) \\ \vdots \\ c_1(q) \end{bmatrix}, C_2 = \begin{bmatrix} c_2(1) \\ c_2(2) \\ c_2(3) \\ \vdots \\ c_2(q) \end{bmatrix}, \cdots, C_j = \begin{bmatrix} c_j(1) \\ c_j(2) \\ c_j(3) \\ \vdots \\ c_j(q) \end{bmatrix}, \cdots \qquad (5.2)$$

式中， C_j $(j = 1, 2, \cdots)$ 是已知合法的物联网设备身份。

对于 $\rho \in (0,1)$ ，有

$$\xi(b_i(k), c_j(k)) = \frac{\min\limits_{j} \min\limits_{k} |b_i(k) - c_j(k)| + \rho \cdot \max\limits_{j} \max\limits_{k} |b_i(k) - c_j(k)|}{|b_i(k) - c_j(k)| + \rho \cdot \max\limits_{j} \max\limits_{k} |b_i(k) - c_j(k)|} \quad (5.3)$$

$$\xi(B_i, C_j) = \frac{1}{q} \sum_{k=1}^{q} \xi(b_i(k), c_j(k)) ， j = 1, 2, \cdots \quad (5.4)$$

式中， ρ 是分辨系数；$\xi(b_i(k), c_j(k))$ 是 B_i 和 C_j 的第 k 个特征参数的灰色关联系数；$\xi(B_i, C_j)$ 是 B_i 和 C_j 的灰色关联度。

根据待识别物联网设备提取的射频指纹与合法终端设备的射频指纹知识库之间的灰色关联度，可以对 B_i 进行分类。

5.1.2　实验结果与分析

为了测试所提出方法的有效性，使用同厂家、同型号、同批次的 10 个摩托罗拉对讲机进行测试，实验装置还包含一台 USRP2930、一台安捷伦示波器和一台笔记本电脑，如图 5.2 所示。

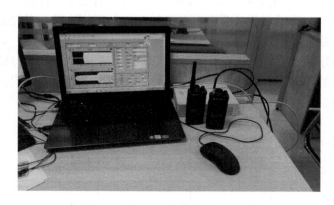

图 5.2　实验装置

采集设备：安捷伦示波器。

采集环境：实验室视距场景。

采集了 10 个摩托罗拉对讲机瞬态信号。使用安捷伦示波器采集，每个对讲机采了 50 组数据信号，采样频率 40MHz，每组数据采集 159901 个点。总共有 500 个样本（随机选择 200 个样本用于训练，剩余的 300 个样本用于识别测试，其中对于每个对讲机，训练样本为 20 个，测试样本为 30 个）。

其中 4 个摩托罗拉对讲机的瞬态射频信号分布图如图 5.3 所示。

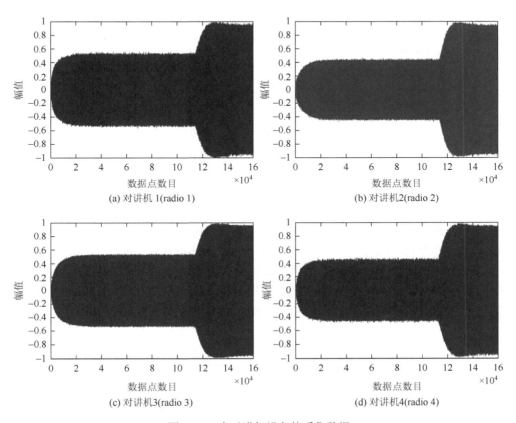

图 5.3　4 个对讲机设备的采集数据

经过 Hilbert 变换提取瞬态信号片段的瞬时包络如图 5.4 所示。

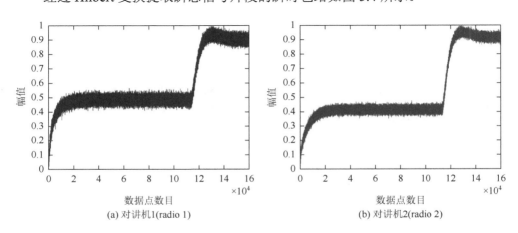

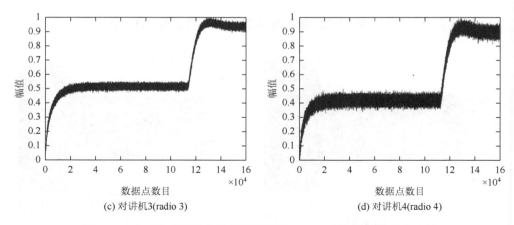

(c) 对讲机3(radio 3)　　　　　　　　　　(d) 对讲机4(radio 4)

图 5.4　4 个对讲机设备的采集数据经过 Hilbert 变换后的数据分布图

　　从图 5.3 和图 5.4 中可以看出，由于采集到的射频信号数据来自同厂家、同型号、同批次的 10 台摩托罗拉对讲机，时域的数据分布几乎相同。

　　经过 Hilbert 变换提取瞬态信号片段的瞬时包络（瞬时幅值）后，再用多重分形维数特征对瞬时包络进行特征提取（每个特征向量有 231 个特征参数组成），得到基于 Hilbert 变换与多重分形维数特征提取的射频指纹如图 5.5 所示。

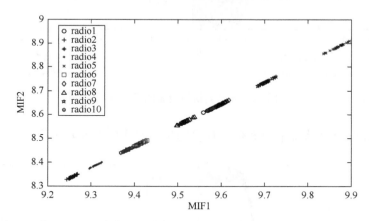

图 5.5　基于 Hilbert 变换与多重分形维数特征提取的射频指纹（无噪声）

经过 Hilbert 变换提取瞬态信号片段的瞬时包络（瞬时幅值），再用多重分形维数特征对瞬时包络进行特征提取，提取的每个特征向量有 231 个特征参数组成，图中只画出了前两维的特征参数在二维平面上的聚类效果；
MIF 表示多重分形维数特征

　　本节所提出的方法在室内无噪声环境下对同厂家、同型号、同批次的 10 个摩托罗拉对讲机的总体平均识别准确率能达到 97.33%，说明了本节所提出的方法具有一定的有效性与可靠性。

5.2　基于 Hilbert 变换与 Holder 系数特征提取的射频指纹识别方法

本节仍针对现有基于瞬态信号的射频指纹识别技术对极为相似的通信辐射源个体（特别是同厂家、同型号、同批次的无线设备）识别准确率低的问题，提出了一种基于 Hilbert 变换与 Holder 系数特征提取的通信辐射源个体识别方法，以提高基于瞬态信号的射频指纹识别技术对通信辐射源个体的识别准确率。

5.2.1　算法实现基本步骤

本节提出的基于 Hilbert 变换与 Holder 系数特征提取的通信辐射源个体识别方法，其特征在于，首先通过接收机对通信辐射源个体的射频瞬态信号片段进行采集，然后经过 Hilbert 变换与 Holder 系数特征提取后，即可作为发射机的射频指纹；最后输入灰色关联分类器对发射机的射频指纹进行识别，可实现对通信辐射源的调制识别、个体识别，以及物联网设备物理层认证等。本节所采用的技术方案如图 5.6 所示。

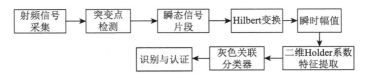

图 5.6　本节所采用的技术方案

上述的对通信辐射源个体的射频瞬态信号片段进行采集，其特征在于，接收机采集的射频信号是暂态信号（瞬态信号），即在无线设备开启/关闭的瞬间，所发送的一段瞬态/暂态信号。

另外，上述的基于 Hilbert 变换与 Holder 系数特征的瞬态信号射频指纹提取方法，其特征在于，在无线设备开启/关闭的瞬间，对所发送的一段瞬态/暂态信号进行采集，首先经过 Hilbert 变换提取瞬态信号片段的瞬时包络（瞬时幅值），再用 Holder 系数特征对瞬时包络进行二维特征提取。

Holder 系数特征可以用来衡量两个信号时间序列的相似程度，它起源于 Holder 不等式的定义。

假设任意两个时间序列 $X=[x_1,x_2,\cdots,x_n]^{\mathrm{T}}$ 和 $Y=[y_1,y_2,\cdots,y_n]^{\mathrm{T}}$，当 $\frac{1}{p}+\frac{1}{q}=1$ 且 $p,q>1$ 时，它们满足如下的不等式：

$$\sum_{i=1}^{n} |x_i \cdot y_i| \leqslant \left(\sum_{i=1}^{n} |x_i|^p\right)^{\frac{1}{p}} \cdot \left(\sum_{i=1}^{n} |y_i|^q\right)^{\frac{1}{q}} \tag{5.5}$$

因此，假设任意两个射频信号序列 $\{f_1(i) \geqslant 0, i = 1, 2, \cdots, n\}$ 和 $\{f_2(i) \geqslant 0, i = 1, 2, \cdots, n\}$，当 $\frac{1}{p} + \frac{1}{q} = 1$ 且 $p, q > 1$ 时，则这两个射频信号序列的 Holder 系数特征如下：

$$H_c = \frac{\sum_{i=1}^{n} f_1(i)f_2(i)}{\left(\sum_{i=1}^{n} f_1^p(i)\right)^{1/p} \cdot \left(\sum_{i=1}^{n} f_2^q(i)\right)^{1/q}} \tag{5.6}$$

式中，$0 \leqslant H_c \leqslant 1$。

在本节中，将一个矩形序列 $s_1(i)$ 和一个三角形序列 $s_2(i)$ 作为两个参考序列。则矩形序列 $s_1(i)$ 与射频信号序列 $f(i)$ 之间的 Holder 系数特征描述如下：

$$H_1 = \frac{\sum_{i=1}^{n} f(i)s_1(i)}{\left(\sum_{i=1}^{n} f^p(i)\right)^{1/p} \cdot \left(\sum_{i=1}^{n} s_1^q(i)\right)^{1/q}} \tag{5.7}$$

式中，$s_1(i)$ 描述如下：

$$s_1(i) = \begin{cases} 1, & 1 \leqslant i \leqslant n \\ 0, & 其他 \end{cases} \tag{5.8}$$

则三角形序列 $s_2(i)$ 与射频信号序列 $f(i)$ 之间的 Holder 系数特征描述如下：

$$H_2 = \frac{\sum_{i=1}^{n} f(i)s_2(i)}{\left(\sum_{i=1}^{n} f^p(i)\right)^{1/p} \cdot \left(\sum_{i=1}^{n} s_2^q(i)\right)^{1/q}} \tag{5.9}$$

式中，$s_2(i)$ 描述如下：

$$s_2(i) = \begin{cases} 2i/n, & 1 \leqslant i \leqslant n/2 \\ 2 - 2i/n, & n/2 < i \leqslant n \end{cases} \tag{5.10}$$

将这两个 Holder 系数特征 $[H_1, H_2]$ 作为无线通信设备的射频指纹用于物理层认证。

最后，上述的基于灰色关联分类器的射频指纹识别方法，其特征在于，提取的二维 Holder 系数特征通过灰色关联分类器来识别。

5.2.2　实验结果与分析

具体的实施方案以识别同厂家、同型号、同批次的 10 个摩托罗拉对讲机，过程如下。

采集设备：安捷伦示波器。

采集环境：实验室视距场景。

采集了 10 个摩托罗拉对讲机瞬态信号。使用安捷伦示波器采集，每个对讲机采了 50 组数据，采样频率 40MHz，每组数据采集 159901 个点。总共有 500 个样本（随机选择 200 个样本用于训练，剩余的 300 个样本用于识别测试，其中对于每个对讲机，训练样本为 20 个，测试样本为 30 个）。为了说明本节所提出方法的有效性，得到基于 Hilbert 变换与 Holder 系数特征提取的射频指纹如图 5.7 所示。

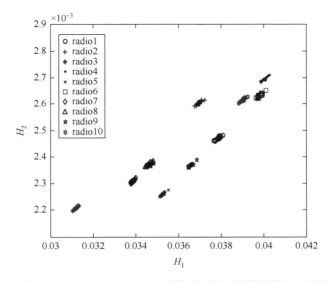

图 5.7　基于 Hilbert 变换与 Holder 系数特征提取的射频指纹（无噪声）

由图 5.7 可知，本节所提出的方法在室内无噪声环境下对同厂家、同型号、同批次的 10 个摩托罗拉对讲机的平均识别准确率能达到 100%，论证了本节所提出方法具有一定的有效性与可靠性，相较于基于 Hilbert 变换与多重分形维数特征提取的射频指纹识别方法，可以有效提高基于瞬态信号的射频指纹识别技术对通信辐射源个体（特别是同厂家、同型号、同批次的无线设备）的识别准确率。

5.3　基于 Hilbert 变换与熵特征提取的射频指纹识别方法

本节针对现有基于瞬态信号的指纹识别技术对极为相似的通信辐射源个体（特别是同厂家、同型号、同批次的无线设备）识别准确率低的问题，提出了一种基于 Hilbert 变换与熵特征提取的通信辐射源个体识别方法，以进一步提高基于瞬态信号的指纹识别技术对通信辐射源个体的识别准确率。

5.3.1 算法实现基本步骤

本节提出的基于 Hilbert 变换与熵特征提取的通信辐射源个体识别方法，其特征在于，首先通过接收机对通信辐射源个体的射频瞬态信号片段进行采集，然后经过 Hilbert 变换与熵特征提取后，即可作为发射机的射频指纹；最后输入灰色关联分类器对发射机的射频指纹进行识别，可实现对通信辐射源的调制识别、个体识别，以及物联网设备物理层认证等。本节所采用的技术方案如图 5.8 所示。

图 5.8　本节所采用的技术方案

上述的对通信辐射源个体的射频瞬态信号片段进行采集，其特征在于，接收机采集的射频信号是暂态信号，即在无线设备开启/关闭的瞬间，所发送的一段瞬态/暂态信号。

另外，上述的基于 Hilbert 变换与熵特征的瞬态信号射频指纹提取方法，其特征在于，在无线设备开启/关闭的瞬间，对所发送的一段瞬态/暂态信号进行采集，首先经过 Hilbert 变换提取瞬态信号片段的瞬时包络，再用指数熵、香农熵、雷尼熵对瞬时包络进行三维熵特征提取。

在信息论中，熵是一个必不可少的概念，它可以衡量信号复杂度和信号分布的不确定性。

假设一个射频信号序列为 $f(i)$，$i = 1, 2, 3, \cdots, n$，进行快速傅里叶变换得到如下信号频谱：

$$F(k) = \sum_{i=1}^{n} f(i) \exp\left(-\mathrm{j}\frac{2\pi}{n}ik\right), \quad k = 1, 2, \cdots, n \tag{5.11}$$

每个信号频谱点 $F(k)$ 的能量描述如下：

$$e_k = |F(k)|^2 \tag{5.12}$$

总信号谱点的能量描述如下：

$$e = \sum_{k=0}^{n-1} e_k \tag{5.13}$$

每个信号谱点的能量与总信号谱点的能量之比如下：

$$P_k = \frac{e_k}{e} = \frac{e_k}{\sum\limits_{k=0}^{n-1} e_k} \tag{5.14}$$

香农熵 E_1 和指数熵 E_2 描述如下：

$$E_1 = -\sum_{k=0}^{n-1} P_k \lg 10 P_k \tag{5.15}$$

$$E_2 = \sum_{k=0}^{n-1} P_k e^{1-P_k} \tag{5.16}$$

将三维熵特征（指数熵、香农熵、雷尼熵[2]）作为无线通信设备的射频指纹用于物理层认证。

最后，上述的基于灰色关联分类器的射频指纹识别方法，其特征在于，提取的三维熵特征（指数熵、香农熵、雷尼熵）通过灰色关联分类器来识别。

5.3.2　实验结果与分析

具体的实施方案以识别同厂家、同型号、同批次的 10 个摩托罗拉对讲机，过程如下。

采集设备：安捷伦示波器。

采集环境：实验室视距场景。

采集了 10 个摩托罗拉对讲机瞬态信号。使用安捷伦示波器采集，每个对讲机采了 50 组数据，采样频率 40MHz，每组数据采集 159901 个点。总共有 500 个样本（随机选择 200 个样本用于训练，剩余的 300 个样本用于识别测试，其中对于每个对讲机，训练样本为 20 个，测试样本为 30 个）。

为了说明本节所提出方法的有效性，与另外三种方法进行对比，其中，方法 1 为基于 Hilbert 变换与主成分分析（principal component analysis，PCA）的射频指纹特征提取方法。主成分分析是一种用于特征提取和数据压缩的多元统计分析方法，详细描述可以参考我们之前的工作[1, 2]。方法 1 通过主成分分析，将经过 Hilbert 变换后的瞬态信号的瞬时包络集成为一个三维特征向量；方法 2 为本节提出的基于 Hilbert 变换与熵特征提取的射频指纹识别方法；方法 3 为 5.2 节提出的基于 Hilbert 变换与 Holder 系数特征提取的射频指纹识别方法。

在 30dB 信噪比时，这 10 台相同的摩托罗拉对讲机通过上述 3 种方法提取的射频指纹特征如图 5.9～图 5.11 所示。

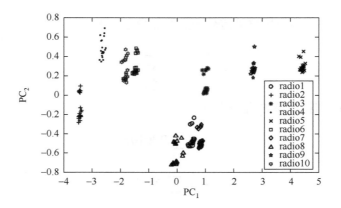

图 5.9　基于方法 1 的射频指纹特征（30dB）

方法 1 是通过主成分分析，将经过 Hilbert 变换后的瞬态信号的瞬时包络集成为一个三维特征向量，图中在二维平面上显示了前两维特征

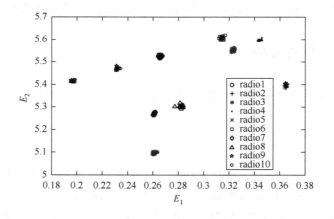

图 5.10　基于方法 2 的射频指纹特征（30dB）

在方法 2 中，瞬态信号的瞬时包络通过熵特征提取集成为一个三维特征向量，图中在二维平面上显示了前两维特征（香农熵、雷尼熵）

从图 5.9～图 5.11 可以看出，通过基于上述三种方法的射频指纹特征提取，这 10 台同厂家、同型号、同批次的摩托罗拉对讲机的射频指纹彼此不同，具有明显的类内聚集度和类间分离度。并且这三种特征提取方法在信噪比为 30dB 时通过灰色关联分类器的识别准确率都可以达到 100%。

在 20dB 信噪比时，这 10 台相同的摩托罗拉对讲机通过上述 3 种方法提取的射频指纹特征如图 5.12～图 5.14 所示。

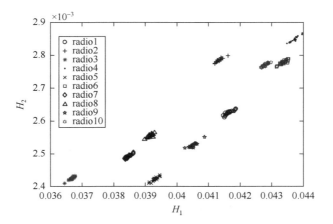

图 5.11　基于方法 3 的射频指纹特征（30dB）

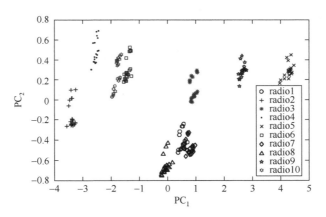

图 5.12　基于方法 1 的射频指纹特征（20dB）

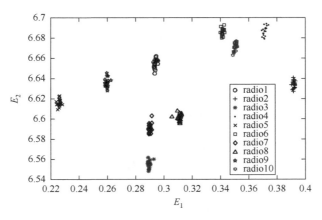

图 5.13　基于方法 2 的射频指纹特征（20dB）

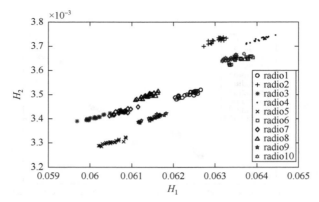

图 5.14　基于方法 3 的射频指纹特征（20dB）

从图 5.12～图 5.14 可以看出，通过基于上述三种方法的射频指纹特征提取，这 10 台同厂家、同型号、同批次的摩托罗拉对讲机的射频指纹各不相同，仍具有一定的类内聚集度和类间分离度。并且前两种特征提取方法在信噪比为 20dB 时通过灰色关联分类器的识别准确率都可以达到 100%，而方法 3 在 20dB 信噪比下的识别准确率降为 92.33%。

在 10dB 信噪比时，这 10 台相同的摩托罗拉对讲机通过上述 3 种方法提取的射频指纹特征如图 5.15～图 5.17 所示。

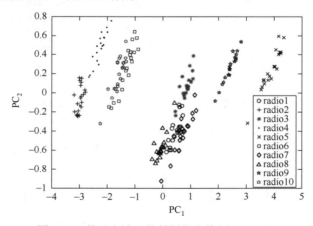

图 5.15　基于方法 1 的射频指纹特征（10dB）

从图 5.15～图 5.17 可以看出，通过基于上述三种方法的射频指纹特征提取，这 10 台同厂家、同型号、同批次的摩托罗拉对讲机的射频指纹的类内聚集度和类间分离度进一步下降。方法 1 在信噪比为 10dB 时通过灰色关联分类器的识别准确率都可以达到 96.67%，而方法 2 在 10dB 信噪比下的识别准确率降为 91.33%，而方法 3 在 10dB 信噪比下的识别准确率降为仅有 60%。

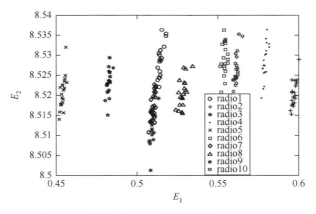

图 5.16　基于方法 2 的射频指纹特征（10dB）

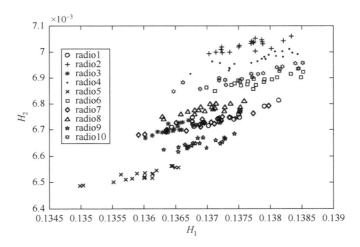

图 5.17　基于方法 3 的射频指纹特征（10dB）

上述几种方法在不同信噪比下的总体平均识别准确率如图 5.18 所示。

从图 5.18 可以看出，当信噪比降低时，方法 3 和方法 4 的识别准确率显著降低，而方法 1 和方法 2 的识别准确率保持了极好的鲁棒性。

本章针对基于瞬态信号的指纹识别问题，提出了三种基于瞬态信号的射频指纹提取方法，用于无线通信设备身份的轻量级物理层认证。通过实验测试得到了一些有意义的结论，具体如下。

（1）无线通信设备发射的射频瞬态信号所携带的无意调制信息，可以根据方法 1 和方法 2，形成有效的、可识别的设备指纹特征。

（2）灰色关联分类器无须消耗额外的计算资源用于离线训练过程，适用于基于边缘物联代理的轻量级物理层认证。

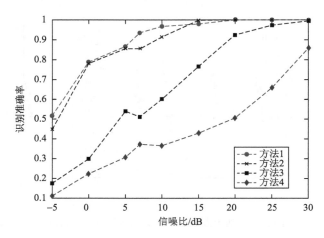

图 5.18　上述几种方法在不同信噪比下的总体平均识别准确率

方法 4 为 5.1 节提出的基于 Hilbert 变换与多重分形维数特征提取的方法

（3）选用同厂家、同型号、同批次的 10 台相同的摩托罗拉对讲机进行测试，采用灰色关联分类器，在 20dB 信噪比下，方法 1 和方法 2 均可以得到 100%的总体平均识别准确率。并且在 10dB 信噪比下，方法 1 的总体平均识别准确率仍然可以达到 96.67%，而方法 2 的总体平均识别准确率也可以维持在 91.33%。

参 考 文 献

[1]　Han H，Li J C，Chen X. The individual identification method of wireless device based on a robust dimensionality reduction model of hybrid feature information[J]. Mobile Networks and Applications，2018，23（4）：709-716.

[2]　Li J C，Bi D Y，Ying Y L，et al. An improved algorithm for extracting subtle features of radiation source individual signals[J]. Electronics，2019，8（2）：1-11.

第6章 基于积分双谱的通信辐射源个体识别方法

目前，待识别信号的选取，从利用瞬态信号到利用前导序列，再到利用传输数据段，减少了对待识别信号检测和提取的要求。本章对通信辐射源个体稳态信号段的本质特征进行深入研究，采集实际的无线数传电台设备通信信号，提出一种基于信号高阶谱分析的射频指纹提取方法，通过分析辐射源通信信号的积分双谱特征来识别物联网设备身份。

6.1 积分双谱基本理论

双谱又称为三阶谱，其定义为三阶累积量的二维傅里叶变换，作为阶数最低的高阶谱，其计算相对简单。采用局部围线积分，可以有效地解决双谱维数较高的问题。常用的局部围线积分双谱主要有四种：径向积分双谱（radial integral bispectrum，RIB），轴向积分双谱（axial integral bispectrum，AIB），圆周积分双谱（circumferentially integral bispectrum，CIB），矩形积分双谱（square integral bispectrum，SIB），如图 6.1 所示。接下来将介绍这四种围线积分双谱方法，并研究基于此方法的射频指纹特征提取算法，最后通过实测信号验证该算法的有效性。

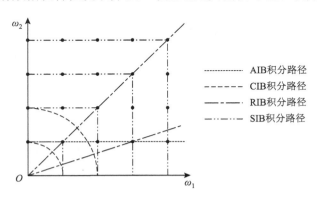

图 6.1 常用的局部围线积分双谱

信号 $x(t)$ 的双谱可表示为

$$B_x(\omega_1,\omega_2) = \sum_{\tau_1=-\infty}^{\infty} \sum_{\tau_2=-\infty}^{\infty} c_{3x}(\tau_1,\tau_2)\mathrm{e}^{-\mathrm{j}(\omega_1\tau_1+\omega_2\tau_2)} \tag{6.1}$$

式中，$c_{3x}(\tau_1,\tau_2)=\int_{-\infty}^{+\infty}x^*(t)x(t+\tau_1)x(t+\tau_2)\mathrm{d}t$ 为信号的三阶相关函数；τ_1 与 τ_2 为相关函数的自变量，代表两个延时；ω_1 与 ω_2 为双谱二维平面的轴。

1. 轴向积分双谱

轴向积分双谱算法主要是将双谱平面沿 ω_1 或 ω_2 轴进行积分运算，对于信号 $x(t)$，假定其双谱为 $B(\omega_1,\omega_2)$，定义轴向积分双谱为

$$\mathrm{AIB}(\omega)=\frac{1}{2\pi}\int_{-\infty}^{+\infty}B(\omega_1,\omega_2)\mathrm{d}\omega_2=\frac{1}{2\pi}\int_{-\infty}^{+\infty}B(\omega_1,\omega_2)\mathrm{d}\omega_1 \qquad (6.2)$$

由傅里叶变换投影可知，轴向积分双谱可以看作信号的三阶相关函数轴切面的傅里叶变换。

2. 矩形积分双谱

矩形积分双谱将双谱平面上以双谱原点为中心的系列矩形的各条边作为积分路径进行累加运算，具体的矩形积分双谱的积分计算为

$$\mathrm{SIB}(\omega)=\oint_{S_l}B(\omega_1,\omega_2)\mathrm{d}\omega_1\mathrm{d}\omega_2 \qquad (6.3)$$

式中，S_l 表示矩形积分双谱的积分路径。从 SIB 的计算过程可知，矩形积分双谱可以充分利用双谱平面中的特征信息，不会出现点的遗漏和重复计算。

3. 径向积分双谱

径向积分双谱是通过对双谱平面内经过原点的直线路径上的双谱值进行离散求和得到。根据积分双谱相位，径向积分双谱的定义为

$$\mathrm{RIB}(\alpha)=\arctan\left(\frac{I_\mathrm{i}(\alpha)}{I_\mathrm{r}(\alpha)}\right) \qquad (6.4)$$

式中，$I_\mathrm{i}(\alpha)$ 和 $I_\mathrm{r}(\alpha)$ 分别为双谱积分的同相及正交分量；$I(\alpha)=I_\mathrm{r}(\alpha)+\mathrm{j}I_\mathrm{i}(\alpha)=\int_{0^+}^{1/(1+\alpha)}B(f_1,\alpha f_1)\mathrm{d}f_1$，$B(f_1,\alpha f_1)$ 为信号的双谱值。径向积分双谱保留了双谱的相位信息，却缺乏信号的尺度信息，因此其对形状相似的信号彼此之间的识别有着较大的影响。

4. 圆周积分双谱

圆周积分双谱算法的积分路径为一系列以原点为圆心的同心圆周，将同心圆周上的双谱值进行离散求和即可得到圆周积分双谱值，其具体定义为

$$\mathrm{CIB}(\alpha) = \int B_p(\alpha,\theta)\mathrm{d}\theta \tag{6.5}$$

式中，$B_p(\alpha,\theta)$ 为双谱估计的极坐标表示。圆周积分双谱保留了一定的相位信息，并且存在尺度伸缩不变性，但积分路径较之其他几种积分方法较为复杂，实际操作中还会因为非均匀采样导致平面点的遗漏和重复计算。

6.2　基于积分双谱特征提取的射频指纹识别方法

本节针对现有技术对通信辐射源个体（特别是同厂家、同型号、同批次的无线设备）识别准确率低的问题，提出了一种基于积分双谱特征与智能分类器的通信辐射源个体识别方法，以提高物联网设备识别与认证的有效性与可靠性。本节提出的基于积分双谱特征与智能分类器的通信辐射源个体识别方法，其特征在于：首先通过接收机对射频基带信号采集，采集 I/Q 两路信号，选取 I 路信号进行方差轨迹检测截取稳态信号片段；其次通过数据标准化处理（中心化-压缩处理）；然后通过对数据标准化处理后的稳态信号片段进行积分双谱变换，得到特征向量后，再对特征向量进行标准化处理（中心化-压缩处理），作为发射机的射频指纹。通过本节的方法，可以获取稳定的通信辐射源（发射机）射频指纹，再利用智能分类器（如灰色关联分类器）进行识别，可实现对通信辐射源调制识别、个体识别，以及物联网设备物理层认证等。本节所采用的技术方案如图 6.2 所示。

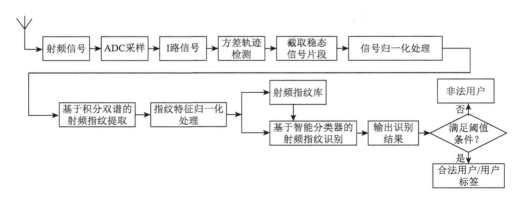

图 6.2　本节所采用的技术方案

其中，上述的基于积分双谱的特征提取方法，其特征在于，接收机采集的射频基带信号是稳态信号。

另外，上述的基于积分双谱的特征提取方法，其特征在于：通过接收机对射频基带信号采集，采集 I/Q 两路信号；选取 I 路信号进行方差轨迹检测截取稳态信号片段；再通过数据标准化处理（中心化-压缩处理）；其次通过对数据标准化处理后的稳态信号片段进行积分双谱变换，得到特征向量后，再对特征向量进行标准化处理（中心化-压缩处理），作为发射机的射频指纹。

最后，上述的基于智能分类器的识别方法，其特征在于，利用智能分类器（如灰色关联分类器、支持向量机等）[1]对提取的发射机的射频指纹进行分类识别。

6.3　应用与分析

6.3.1　基于积分双谱特征与灰色关联分类器的通信辐射源个体识别

具体的实施方案以识别同厂家、同型号、同批次的 8 个 EBYTE 生产的无线数传电台 E90-DTU 设备（图 6.3）为例，过程如下。

基带信号采集设备：Signal Hound 公司生产的 SM200B 实时频谱分析仪，如图 6.4 所示。

图 6.3　EBYTE 生产的无线数传电台 E90-DTU　　　图 6.4　Signal Hound 公司生产的 SM200B 实时频谱分析仪

采集环境：视距场景（line-of-sight scene，LOS）、视距场景 + 非视距场景（non-line-of-sight scene，NOS）的混合场景、非视距场景。采集 8 个 EBYTE 生产的无线数传电台 E90-DTU 设备，信号采集频点为 433MHz，经过方差轨迹检测截取的稳态信号片段长度为 15000 点。其中，积分双谱算法中，设置 FFT 点数为 2048，降采样率为 5。

1. 在视距场景（图 6.5）下

每个无线数传电台 E90-DTU 设备采集 200 个样本，其中随机选取 140 个样本作为训练样本，剩余 60 个样本作为测试样本，得到的识别结果如表 6.1 和表 6.2 所示。

图 6.5　在视距场景下采集无线数传电台 E90-DTU 设备的射频信号

表 6.1　在信噪比 20dB 下基于轴向积分双谱与灰色关联分类器的识别结果（一）

标签	测试样本的数目	识别结果								识别准确率	总体识别准确率
		1	2	3	4	5	6	7	8		
1	60	59	0	0	0	0	0	1	0	0.9833	
2	60	0	54	0	0	6	0	0	0	0.9	
3	60	1	0	59	0	0	0	0	0	0.9833	
4	60	0	0	0	60	0	0	0	0	1	
5	60	0	8	0	0	52	0	0	0	0.8666	0.9667
6	60	0	0	0	0	0	60	0	0	1	
7	60	0	0	0	0	0	0	60	0	1	
8	60	0	0	0	0	0	0	0	60	1	

表 6.2　在信噪比 20dB 下基于矩形积分双谱与灰色关联分类器的识别结果（一）

标签	测试样本的数目	识别结果								识别准确率	总体识别准确率
		1	2	3	4	5	6	7	8		
1	60	60	0	0	0	0	0	0	0	1	
2	60	0	57	0	0	3	0	0	0	0.95	
3	60	1	0	59	0	0	0	0	0	0.9833	
4	60	0	0	0	60	0	0	0	0	1	
5	60	0	7	0	0	53	0	0	0	0.8833	0.9771
6	60	0	0	0	0	0	60	0	0	1	
7	60	0	0	0	0	0	0	60	0	1	
8	60	0	0	0	0	0	0	0	60	1	

如表 6.1 和表 6.2 所示，在视距场景下，来自 8 个无线数传电台 E90-DTU 设备的 480 个测试样本总体识别准确率在信噪比 20dB 下均达到了 96%以上。基于轴向积分双谱射频指纹特征，有 4 个无线数传电台设备被完全正确识别。5 号设备的识别准确率最低，仍高达 86.66%。而基于矩形积分双谱射频指纹特征，有 5 个无线数传电台设备被完全正确识别。5 号设备的识别准确率最低，但仍高达 88.33%，识别效果略好于轴向积分双谱。

2. 在视距场景＋非视距场景（图 6.6）的混合场景下

图 6.6　在混合场景下采集无线数传电台 E90-DTU 设备的射频信号

采集 8 个 EBYTE 生产的无线数传电台 E90-DTU 设备，每个设备在视距场景下采集 200 个样本，在非视距场景下采集 50 个样本，即每个设备采集的 250 个样本中，随机选取 200 个样本作为训练样本，剩余 50 个样本作为测试样本，得到的识别结果如表 6.3 和表 6.4 所示。

表 6.3　在信噪比 20dB 下基于轴向积分双谱与灰色关联分类器的识别结果（二）

标签	测试样本的数目	识别结果								识别准确率	总体识别准确率
		1	2	3	4	5	6	7	8		
1	50	42	1	1	0	0	0	6	0	0.84	
2	50	1	43	0	0	5	0	1	0	0.86	
3	50	1	0	49	0	0	0	0	0	0.98	
4	50	0	0	0	50	0	0	0	0	1	0.9425
5	50	0	4	0	0	46	0	0	0	0.92	
6	50	0	0	0	0	0	50	0	0	1	
7	50	2	1	0	0	0	0	47	0	0.94	
8	50	0	0	0	0	0	0	0	50	1	

表 6.4　在信噪比 20dB 下基于矩形积分双谱与灰色关联分类器的识别结果（二）

标签	测试样本的数目	识别结果								识别准确率	总体识别准确率
		1	2	3	4	5	6	7	8		
1	50	47	0	0	0	0	0	3	0	0.94	
2	50	0	48	0	0	2	0	0	0	0.96	
3	50	0	0	50	0	0	0	0	0	1	
4	50	0	0	0	50	0	0	0	0	1	0.9725
5	50	0	4	0	0	46	0	0	0	0.92	
6	50	0	0	0	0	0	50	0	0	1	
7	50	2	0	0	0	0	0	48	0	0.96	
8	50	0	0	0	0	0	0	0	50	1	

　　如表 6.3 和表 6.4 所示，在视距场景 + 非视距场景的混合场景下，来自 8 个无线数传电台 E90-DTU 设备的 400 个测试样本的总体识别准确率在信噪比 20dB 下均达到了 94%以上。其中，基于轴向积分双谱射频指纹特征，有 3 个无线数传电台设备被完全正确识别。1 号设备的识别准确率最低，为 84%。而基于矩形积分双谱射频指纹特征，有 4 个无线数传电台设备被完全正确识别。5 号设备的识别准确率最低，但仍高达 92%，识别效果优于轴向积分双谱。

3. 在非视距场景下

　　采集 8 个 EBYTE 生产的无线数传电台 E90-DTU 设备，每个设备在视距场景下采集 200 个样本，在非视距场景下采集 50 个样本，即每个设备采集的 250 个样本中，选取在视距场景下采集 200 个样本作为训练样本，非视距场景下采集 50 个样本作为测试样本，得到的识别结果如表 6.5 所示。

表 6.5　在信噪比 20dB 下基于矩形积分双谱与灰色关联分类器的识别结果（三）

标签	测试样本的数目	识别结果								识别准确率	总体识别准确率
		1	2	3	4	5	6	7	8		
1	50	45	1	3	0	1	0	0	0	0.9	
2	50	1	42	0	0	7	0	0	0	0.84	
3	50	0	0	50	0	0	0	0	0	1	
4	50	0	0	0	50	0	0	0	0	1	0.8425
5	50	0	0	0	0	50	0	0	0	1	
6	50	0	0	0	0	0	50	0	0	1	
7	50	44	5	0	0	1	0	0	0	0	
8	50	0	0	0	0	0	0	0	50	1	

如表 6.5 所示，在非视距场景下，由于选取在视距场景下采集的样本作为训练样本，非视距场景下采集的样本作为测试样本，因为非视距场景下射频信号存在多径衰落现象，来自 8 个无线数传电台设备的 400 个测试样本的总体识别准确率在信噪比 20dB 下仅为 84.25%。其中，基于矩形积分双谱射频指纹特征，仍有 5 个无线数传电台设备被完全正确识别。7 号设备的识别准确率最低，为 0%，基本被误识别为 1 号设备。

6.3.2　基于积分双谱与支持向量机分类器的通信辐射源个体识别

具体的实施方案仍以识别同厂家、同型号、同批次的 8 个 EBYTE 生产的无线数传电台 E90-DTU 设备为例，过程如下。

基带信号采集设备：Signal Hound 公司生产的 SM200B 实时频谱分析仪。

采集环境：视距场景、视距场景＋非视距场景的混合场景。采集 8 个 EBYTE 生产的无线数传电台 E90-DTU 设备，信号采集频点为 433MHz，经过方差轨迹检测截取的稳态信号片段长度为 15000 点。其中，积分双谱算法中，设置 FFT 点数为 2048，降采样率为 5。

1. 在视距场景下

每个设备采集 200 个样本（其中随机选取 140 个样本作为训练样本，剩余 60 个样本作为测试样本），得到的识别结果如表 6.6 和表 6.7 所示。

表 6.6　在信噪比 20dB 下基于轴向积分双谱与支持向量机分类器的识别结果（一）

标签	测试样本的数目	识别结果								识别准确率	总体识别准确率
		1	2	3	4	5	6	7	8		
1	60	60	0	0	0	0	0	0	0	1	
2	60	0	60	0	0	0	0	0	0	1	
3	60	0	0	60	0	0	0	0	0	1	
4	60	0	0	0	60	0	0	0	0	1	1
5	60	0	0	0	0	60	0	0	0	1	
6	60	0	0	0	0	0	60	0	0	1	
7	60	0	0	0	0	0	0	60	0	1	
8	60	0	0	0	0	0	0	0	60	1	

表 6.7　在信噪比 20dB 下基于矩形积分双谱与支持向量机分类器的识别结果（一）

标签	测试样本的数目	识别结果								识别准确率	总体识别准确率
		1	2	3	4	5	6	7	8		
1	60	60	0	0	0	0	0	0	0	1	0.9958
2	60	0	59	0	0	0	1	0	0	0.9833	

续表

标签	测试样本的数目	识别结果								识别准确率	总体识别准确率
		1	2	3	4	5	6	7	8		
3	60	0	0	60	0	0	0	0	0	1	
4	60	0	0	0	60	0	0	0	0	1	
5	60	0	1	0	0	59	0	0	0	0.9833	0.9958
6	60	0	0	0	0	0	60	0	0	1	
7	60	0	0	0	0	0	0	60	0	1	
8	60	0	0	0	0	0	0	0	60	1	

如表 6.6 和表 6.7 所示，在视距场景下，来自 8 个无线数传电台 E90-DTU 设备的 480 个测试样本的总体识别准确率在信噪比 20dB 下均达到了 99.5%以上，说明当智能分类器选取支持向量机时，能得到比灰色关联分类器更优异的识别性能。

2. 在视距场景 + 非视距场景的混合场景下

采集 8 个 EBYTE 生产的无线数传电台 E90-DTU 设备，每个设备在视距场景下采集 200 个样本，在非视距场景下采集 50 个样本，即每个设备采集的 250 个样本中，随机选取 200 个样本作为训练样本，剩余 50 个样本作为测试样本，得到的识别结果如表 6.8 和表 6.9 所示。

表 6.8　在信噪比 20dB 下基于轴向积分双谱与支持向量机分类器的识别结果（二）

标签	测试样本的数目	识别结果								识别准确率	总体识别准确率
		1	2	3	4	5	6	7	8		
1	50	50	0	0	0	0	0	0	0	1	
2	50	0	49	0	0	1	0	0	0	0.98	
3	50	1	0	49	0	0	0	0	0	0.98	
4	50	0	0	0	50	0	0	0	0	1	0.9950
5	50	0	0	0	0	50	0	0	0	1	
6	50	0	0	0	0	0	50	0	0	1	
7	50	0	0	0	0	0	0	50	0	1	
8	50	0	0	0	0	0	0	0	50	1	

表 6.9　在信噪比 20dB 下基于矩形积分双谱与支持向量机分类器的识别结果（二）

标签	测试样本的数目	识别结果								识别准确率	总体识别准确率
		1	2	3	4	5	6	7	8		
1	50	50	0	0	0	0	0	0	0	1	0.9975
2	50	0	50	0	0	0	0	0	0	1	

续表

标签	测试样本的数目	识别结果								识别准确率	总体识别准确率
		1	2	3	4	5	6	7	8		
3	50	1	0	49	0	0	0	0	0	0.98	
4	50	0	0	0	50	0	0	0	0	1	
5	50	0	0	0	0	50	0	0	0	1	
6	50	0	0	0	0	0	50	0	0	1	0.9975
7	50	0	0	0	0	0	0	50	0	1	
8	50	0	0	0	0	0	0	0	50	1	

如表 6.8 和表 6.9 所示，在视距场景 + 非视距场景的混合场景下，来自 8 个无线数传电台 E90-DTU 设备的 400 个测试样本的总体识别准确率在信噪比 20dB 下也均达到了 99.5%以上，说明当智能分类器选取支持向量机时，依然能得到比灰色关联分类器更优异的识别性能。

3. 在非视距场景下

采集 8 个 EBYTE 生产的无线数传电台 E90-DTU 设备，每个设备在视距场景下采集 200 个样本，在非视距场景下采集 50 个样本，即每个设备采集的 250 个样本中，选取在视距场景下采集 200 个样本作为训练样本，非视距场景下采集 50 个样本作为测试样本，得到的识别结果如表 6.10 所示。

表 6.10　在信噪比 20dB 下基于矩形积分双谱与支持向量机分类器的识别结果（三）

标签	测试样本的数目	识别结果								识别准确率	总体识别准确率
		1	2	3	4	5	6	7	8		
1	50	44	0	6	0	0	0	0	0	0.88	
2	50	0	47	0	0	3	0	0	0	0.94	
3	50	0	0	50	0	0	0	0	0	1	
4	50	1	0	0	49	0	0	0	0	0.98	
5	50	0	0	0	0	50	0	0	0	1	0.8500
6	50	0	0	0	0	0	50	0	0	1	
7	50	44	3	0	0	3	0	0	0	0	
8	50	0	0	0	0	0	0	0	50	1	

如表 6.10 所示，在非视距场景下，由于选取在视距场景下采集的样本作为训练样本，非视距场景下采集的样本作为测试样本，因为非视距场景下射频信号存在多径衰落现象，来自 8 个无线数传电台设备的 400 个测试样本的总体识别准

确率在信噪比 20dB 下仅为 85%。其中，基于矩形积分双谱射频指纹特征，仍有 4 个无线数传电台设备被完全正确识别。7 号设备的识别准确率最低，为 0%，基本被误识别为 1 号设备。此时，当智能分类器选取支持向量机时的总体识别性能与灰色关联分类器相差无几。

　　为阻止用户身份假冒、重放攻击和设备克隆等问题的发生，准确地识别和认证物联对象，本章提出了一种基于积分双谱指纹特征与智能分类器的通信辐射源个体识别方法。通过对识别同厂家、同型号、同批次的 8 个无线数传电台 E90-DTU 设备的实验测试表明，本章所提出的方法在视距场景、视距场景与非视距场景的混合场景都具有良好的识别准确率。

参 考 文 献

[1]　李靖超，应雨龙. 基于功率谱密度的通信辐射源个体识别方法[J]. 太赫兹科学与电子信息学报，2021，
　　　19（4）：596-602.

第 7 章 基于功率谱密度的通信辐射源个体识别方法

由于无线电传输的开放性，无线通信网络带来的信息安全问题不断涌现，尤其是用户身份假冒、重放攻击和设备克隆等问题。可信的识别认证对于保障物联网设备信息安全至关重要。每个物联网设备都应具有自己的身份以形成一个可信的物联生态网络系统。为阻止用户身份假冒、重放攻击和设备克隆等问题的发生，准确地识别和认证物联对象，本章提出了一种基于功率谱密度指纹特征与智能分类器的通信辐射源个体识别方法。首先利用接收机采集射频基带信号，采集 I 路信号；其次通过方差轨迹检测截取稳态信号片段，并对稳态信号片段进行数据标准化处理；计算数据标准化处理后的稳态信号片段的功率谱密度得到特征向量，将所述特征向量作为发射机的射频指纹；最后利用智能分类器识别所述射频指纹，完成通信辐射源个体识别。通过对识别同厂家、同型号、同批次的 8 个无线数传电台 E90-DTU 设备和 100 个 WiFi 网卡设备的实验测试表明，本章所提出的方法可以在视距场景、视距场景与非视距场景的混合场景、低信噪比场景、大数量物联设备场景都具有良好的识别准确率。

7.1 现有方法的问题描述

射频指纹识别是基于设备物理层硬件的非密码认证方法，无须消耗额外的计算资源，也无须嵌入额外的硬件，是构建低成本、更简洁、更安全的识别认证系统的非常有潜力的技术。基于射频信号细微特征的设备识别，最早起源于特定辐射源识别，即将辐射源独特的电磁特性与辐射源个体关联起来的能力。

对于基于传统机器学习的指纹识别技术，特征提取方法对识别准确率起着至关重要的作用。常见的射频指纹特征包括熵特征、Holder 系数特征、多重分形维数特征、分形盒维数特征、RF-DNA、积分双谱特征、功率谱密度特征等。其中，积分双谱特征和功率谱密度特征是提取稳态信号中射频指纹特征的两种相对较好的方法。为了追求更高的数据速率和频谱效率，通信系统一般都采用线性调制方式，如 QPSK 和 16QAM。在多载波系统中，峰均比较大，信号包络发生变化，因此系统应保持线性放大。非线性放大会导致带内信号失真，降低系统性能，导致带外互调产物，以及对发射机载频相邻信道的干扰。放大器非线性主要体现在信号功率谱上，因此可以通过功率谱估计方法提取能量域中的功率谱密度特征[1]。

7.2　功率谱密度基本理论

1. Welch 法

功率谱函数直观地展示信号出现在哪个频段上。功率谱是分析一个随机信号的重要工具，主要研究信号在频域的特性。周期图法是一种经典的功率谱函数求解方法。该方法的求解步骤如下。

周期图法假设 $x_i(n)(i=0,1,\cdots,K-1)$ 是一个随机过程 $x(n)$ 的 K 个样本实现，并且所有的实现都是互不相关的。将若干个互不相关的随机变量取平均之后，随机变量的均值是不变的，同时会减小该随机变量的方差，将这种思想引入周期图功率谱估计中。假设每一个 $x_i(n)$ 的长度为 M ，则 $x_i(n)$ 的周期图为

$$P_{\text{per}}^{(i)}(\text{e}^{\text{j}\omega}) = \frac{1}{M}\left|\sum_{n=0}^{M-1} x_i(n)\text{e}^{-\text{j}\omega n}\right|^2, \quad i = 1, 2, \cdots, K \tag{7.1}$$

将 K 个互不相关的周期图进行平均处理之后作为功率谱的估计，即

$$P_{\text{per}}^{(\text{av})}(\text{e}^{\text{j}\omega}) = \frac{1}{K}\sum_{i=1}^{K} P_{\text{per}}^{(i)}(\text{e}^{\text{j}\omega}) \tag{7.2}$$

在实际应用中，得到一个随机信号的多次实现往往是比较困难的，为了解决这个问题，Bartlett 提出将一个长度为 N 的随机信号平均分为 K 个子段，每一个子段的长度为 M ，这样得到的每一个子段信号的表示为 $x_i(n) = x(n+iM)$ [2]。然后对每一个子段信号求周期图功率谱，最后进行平均处理，得到的功率谱表达式为

$$P_{\text{per}}^{(\text{BT})}(\text{e}^{\text{j}\omega}) = \frac{1}{M}\sum_{i=1}^{K-1}\left|\sum_{n=0}^{M-1} x(n+iM)\text{e}^{-\text{j}\omega n}\right|^2 \tag{7.3}$$

上述的周期图法在将一个信号平均分开的时候，是没有重叠的部分的，并且每一个子段信号使用的是矩形窗，会造成旁瓣失真。因此，Welch 对上述方法进行改进，其改进的思路主要就是允许子段信号有一定的重叠，并且每一段信号的数据加窗可以使用不同的窗函数，如 Hanning 窗，可以减小失真。这样 Welch 法的功率谱估计为

$$P_w^{(i)}(\text{e}^{\text{j}\omega}) = \frac{1}{MU}\left|\sum_{n=0}^{M-1} x_i(n)g(n)\text{e}^{-\text{j}\omega n}\right|^2 \tag{7.4}$$

式中，$g(n)$ 为窗函数；U 的表达式为

$$U = \frac{1}{M} \sum_{n=0}^{M-1} g^2(n) \tag{7.5}$$

周期图不是广义平稳过程中功率谱的一致估计。Welch 法减少周期图方差的技术将时间序列分成若干段，通常是重叠的。Welch 法为每一段计算一个修正的周期图，然后对这些估计值进行平均，得到功率谱的估计值。由于该过程是广义平稳的，并且 Welch 法使用功率谱估计时间序列的不同段，修改的周期图表示近似不相关的真实功率谱估计，并且平均减少了可变性。分段通常与窗口函数（如 Hamming 窗口）相乘，因此 Welch 的方法相当于平均修改的周期图。由于段通常重叠，段的开始和结束处的数据值在一个段中逐渐变细，远离相邻段的结束处出现。这样可以防止窗口打开导致的信息丢失。

图 7.1 展示了使用 Welch 法估计得到的 16QAM 信号和 QPSK 信号的功率谱。

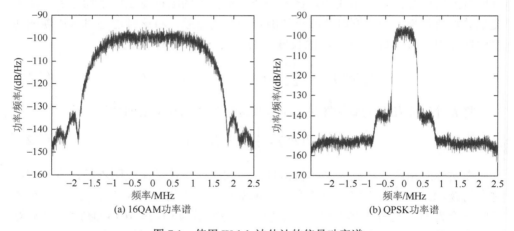

(a) 16QAM功率谱　　　　　　　　　　(b) QPSK功率谱

图 7.1　使用 Welch 法估计的信号功率谱

2. Yule-Walker 法

Yule-Walker 法又称为 AR 模型参数估计法，是一种经典的现代功率谱估计方法，其计算步骤如下。

首先，选择 AR 模型对信号进行估计，然后利用观测数据估计模型参数。对于 AR 模型，需要估计 AR 参数 $a_k(k=1,2,\cdots,p)$ 和白噪声的方差 δ_w^2，最后基于 AR 模型估计信号的功率谱。

假设一个广义随机平稳信号为 $x(n)$，使用 AR 模型对其进行变换之后的表达式为

$$x(n) = -\sum_{k=1}^{p} a_k x(n-k) + w(n) \tag{7.6}$$

式中，a_k 为 AR 模型的模型系数；$w(n)$ 为白噪声；p 为模型的阶数。接下来对 $x(n)$ 求解自相关函数，就可以得到著名的 Yule-Walker 方程，其表达式如下：

$$\begin{bmatrix} R_{xx}(0) & R_{xx}(-1) & \cdots & R_{xx}(-p) \\ R_{xx}(1) & R_{xx}(0) & \cdots & R_{xx}(1-p) \\ \vdots & \vdots & & \vdots \\ R_{xx}(p) & R_{xx}(p-1) & \cdots & R_{xx}(0) \end{bmatrix} \begin{bmatrix} 1 \\ a_1 \\ \vdots \\ a_p \end{bmatrix} = \begin{bmatrix} \delta_w^2 \\ 0 \\ \vdots \\ 0 \end{bmatrix} \tag{7.7}$$

式中，$R_{xx}(\cdot)$ 表示对信号 $x(n)$ 求解自相关函数。对上述 Yule-Walker 方程使用 Levinson-Durbin 递推方法求解，可以得到 AR(p) 模型参数的估计值 $\hat{a}_k (k=1,2,\cdots,p)$ 和白噪声的方差估计值 $\hat{\delta}_w^2$。

根据式（7.6），可以将白噪声 $w(n)$ 作为系统的输入，其输出信号为 $x(n)$。这样，对式（7.7）进行傅里叶变换之后，就可以求解得到输入输出之间的功率关系。

$$P_{xx}(z) = \delta_w^2 \mid H(z) \mid^2 = \frac{\delta_w^2}{\mid A(z) \mid^2} \tag{7.8}$$

式（7.8）还可以表示为

$$P_{xx}(\mathrm{e}^{\mathrm{i}\omega}) = \frac{\delta_w^2}{\mid A(\mathrm{e}^{\mathrm{i}\omega}) \mid^2} \tag{7.9}$$

式中，$A(\mathrm{e}^{\mathrm{i}\omega}) = 1 + \sum_{k=1}^{p} a_k \mathrm{e}^{-\mathrm{j}\omega k}$ 就是 AR 模型参数 a_k 的傅里叶变换。因此，AR 功率谱求解的理论表达式为

$$P_{\mathrm{AR}}(\mathrm{e}^{\mathrm{j}\omega}) = \frac{\delta_w^2}{\left| 1 + \sum_{k=1}^{p} a_k \mathrm{e}^{-\mathrm{j}\omega k} \right|^2} \tag{7.10}$$

将上述求解得到的 AR 模型参数 $\hat{a}_k = (k=1,2,\cdots,p)$ 和 $\hat{\delta}_w^2$ 代入式（7.10），就可以得到 AR 模型功率谱估计的表示式为

$$\hat{P}_{\mathrm{AR}}(\mathrm{e}^{\mathrm{j}\omega}) = \frac{\hat{\delta}_w^2}{\left| 1 + \sum_{k=1}^{p} \hat{a}_k \mathrm{e}^{-\mathrm{j}\omega k} \right|^2} \tag{7.11}$$

在实际应用中，由于离散时间信号的功率谱具有周期性，假设在 $-\pi < \omega \leqslant \pi$ 范围内的 N 个等间隔频率点均匀采样，则式（7.11）为

$$\hat{P}_{\mathrm{AR}}(\mathrm{e}^{\mathrm{j}2\pi l/N}) = \frac{\hat{\delta}_w^2}{\left| 1 + \sum_{k=1}^{p} \hat{a}_k \mathrm{e}^{-\mathrm{j}2k\pi l/N} \right|^2} \tag{7.12}$$

图 7.2 展示了使用 Yule-Walker 法估计得到了 16QAM 信号和 QPSK 信号的功率谱。

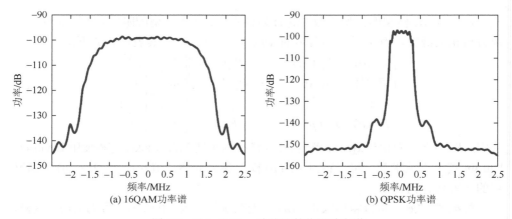

(a) 16QAM功率谱　　　　　　　　(b) QPSK功率谱

图 7.2　Yule-Walker 法估计的信号功率谱

3. 最大熵功率谱估计法

最大熵功率谱估计法是由 Burg 于 1967 年提出的, 也是一种典型的现代功率谱估计方法[3]。假设一个均值为 0 的高斯平稳随机信号序列表示为 $x(n)$, 已知该序列的 $M+1$ 的自相关函数值为 $R_{xx}(0), R_{xx}(1), \cdots, R_{xx}(M)$, 由此, 可以得到其自相关矩阵为

$$R_M = \begin{bmatrix} R_{xx}(0) & R_{xx}(-1) & \cdots & R_{xx}(-p) \\ R_{xx}(1) & R_{xx}(0) & \cdots & R_{xx}(1-p) \\ \vdots & \vdots & & \vdots \\ R_{xx}(p) & R_{xx}(p-1) & \cdots & R_{xx}(0) \end{bmatrix} \tag{7.13}$$

已知零均值高斯随机信号矢量在维度为 $M+2$ 时的熵的表达式为

$$H = \ln(2\pi e)^{\frac{M+2}{2}} [\det[R_M]]^{1/2} \tag{7.14}$$

式中, $\det[\cdot]$ 表示求解一个矩阵的行列式; R_M 为外推自相关矩阵, 其表达式为

$$\hat{R}_{M+1} = \begin{bmatrix} R_{xx}(0) & R_{xx}(1) & \cdots & R_{xx}(M) & \hat{R}_{xx}(M+1) \\ R_{xx}(1) & R_{xx}(0) & \cdots & R_{xx}(M-1) & R_{xx}(M) \\ \vdots & \vdots & & \vdots & \vdots \\ R_{xx}(M) & R_{xx}(M-1) & \cdots & R_{xx}(0) & R_{xx}(1) \\ \hat{R}_{xx}(M+1) & R_{xx}(M) & \cdots & R_{xx}(1) & R_{xx}(0) \end{bmatrix} \tag{7.15}$$

由熵的表达式可以看出, 为了使新过程的熵最大, 需要外推自相关矩阵 $\hat{R}_{M+1}$ 的行列式 $\det[\hat{R}_{M+1}]$ 达到最大。根据式 (7.15) 定义一个新的矢量:

$$C = [\hat{R}_{xx}(M+1) \quad R_{xx}(M) \quad \cdots \quad R_{xx}(1) \quad R_{xx}(0)]^T \tag{7.16}$$

利用矩阵恒等式, 把 $\det[\hat{R}_{M+1}]$ 写为

$$\det[\hat{R}_{M+1}] = \det[R_M][R_{xx}(0) - C^T R_M^{-1} C] \tag{7.17}$$

将式（7.17）对 $\hat{R}_{xx}(M+1)$ 求导，并使得导数为 0，可以得到

$$[1\quad 0\quad \cdots\quad 0\quad 0]R_M^{-1}C = 0 \qquad (7.18)$$

式（7.18）是 $\hat{R}_{xx}(M+1)$ 的一次函数，将式（7.18）求解可以得到需要的 $\hat{R}_{xx}(M+1)$。之后，使用相同的方法，计算得到 $\hat{R}_{xx}(M+2)$ 等其他自相关函数的其他估计值。在基于最大熵原则下将自相关函数外推，在一定程度上增加了自相关函数的信息，进而提高了功率谱估计的分辨率。图 7.3 展示了使用最大熵功率谱估计法估计得到的 16QAM 信号和 QPSK 信号的功率谱。

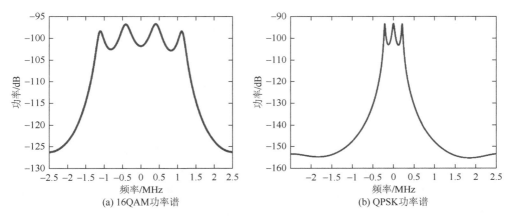

图 7.3　最大熵功率谱估计法估计信号的功率谱

7.3　基于功率谱密度特征提取的射频指纹识别方法

7.3.1　算法实现基本步骤

从目前射频指纹识别的研究现状来看，提取具有独特原生属性的射频指纹仍然是一件极具挑战性的任务，提取的射频指纹仍然受大量因素的制约，在射频指纹产生机理、特征提取和特征选择方面，以及在射频指纹的鲁棒性和抗信道环境干扰等方面，还有大量问题有待研究。为了追求更高的数据速率和频谱效率，通信系统普遍采用线性调制方式，如 QPSK 和 16QAM。多载波系统中峰均比大，信号包络变化，系统应保持线性放大。非线性放大会导致带内信号失真，系统性能下降，产生带外互调分量，引起发射机载频的邻近信道产生干扰。放大器的非线性主要体现在信号的功率谱上，因此从能量域出发使用功率谱估计方法对其进行了特征的提取。

基于功率谱密度射频指纹特征的识别过程具体如下，如图 7.4 所示。

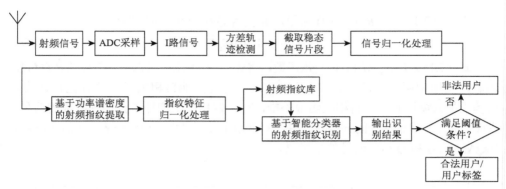

图 7.4　基于功率谱密度射频指纹特征与智能分类器的通信辐射源个体识别方法
ADC 表示模数转换

（1）利用接收机采集射频基带信号，采集 I/Q 两路信号。

（2）选取 I 路信号（根据大量测试结果，选取 I 路信号比选取 Q 路信号的效果更优）进行方差轨迹检测截取稳态信号片段，对所述稳态信号片段进行数据标准化处理。

（3）计算数据标准化处理后的稳态信号片段的功率谱密度得到特征向量，将所述特征向量作为发射机的射频指纹，并生成射频指纹库。

数据标准化处理包括对截取的稳态信号数据或功率谱密度特征向量进行标准化处理，数据标准化处理包括中心化-压缩处理，其数学公式如下：

$$Y = \frac{X - \mathrm{mean}(X)}{\max(X)} \tag{7.19}$$

式中，X 为截取的稳态信号数据或功率谱密度特征向量；Y 为标准化处理后的输出向量。

（4）利用智能分类器识别所述射频指纹库的射频指纹特征，输出识别结果，完成通信辐射源个体识别。

智能分类器包括支持向量机分类器和灰色关联分类器等，以灰色关联分类器进行分类识别为例进行分析。

定义从待识别射频信号提取的表征通信辐射源个体特征的功率谱密度特征向量包括：

$$B_1 = \begin{bmatrix} b_1(1) \\ b_1(2) \\ b_1(3) \\ \vdots \\ b_1(K) \end{bmatrix}, B_2 = \begin{bmatrix} b_2(1) \\ b_2(2) \\ b_2(3) \\ \vdots \\ b_2(K) \end{bmatrix}, \cdots, B_i = \begin{bmatrix} b_i(1) \\ b_i(2) \\ b_i(3) \\ \vdots \\ b_i(K) \end{bmatrix}, \cdots \tag{7.20}$$

式中，$B_i\,(i = 1, 2, \cdots)$ 表示某一待识别的通信辐射源个体特征。

定义已建立的通信辐射源个体特征与个体标签之间的射频指纹库包括：

$$
C_1 = \begin{bmatrix} c_1(1) \\ c_1(2) \\ c_1(3) \\ \vdots \\ c_1(K) \end{bmatrix}, C_2 = \begin{bmatrix} c_2(1) \\ c_2(2) \\ c_2(3) \\ \vdots \\ c_2(K) \end{bmatrix}, \cdots, C_j = \begin{bmatrix} c_j(1) \\ c_j(2) \\ c_j(3) \\ \vdots \\ c_j(K) \end{bmatrix}, \cdots, C_m = \begin{bmatrix} c_m(1) \\ c_m(2) \\ c_m(3) \\ \vdots \\ c_m(K) \end{bmatrix} \tag{7.21}
$$

式中，$C_j\,(j=1,2,\cdots,m)$ 表示已知合法的通信辐射源个体标签，$c_j\,(j=1,2,\cdots,m)$ 表示某一特征参数。

定义 $\rho \in (0,1)$：

$$
\xi(b_i(k),c_j(k)) = \frac{\min\limits_{j}\min\limits_{k}|b_i(k)-c_j(k)| + \rho\cdot\max\limits_{j}\max\limits_{k}|b_i(k)-c_j(k)|}{|b_i(k)-c_j(k)| + \rho\cdot\max\limits_{j}\max\limits_{k}|b_i(k)-c_j(k)|} \tag{7.22}
$$

$$
\xi(B_i,C_j) = \frac{1}{K}\sum_{k=1}^{K}\xi(b_i(k),c_j(k)) , \quad j=1,2,\cdots,m \tag{7.23}
$$

式中，ρ 表示分辨系数，通常取值为 0.5；$\xi(b_i(k),c_j(k))$ 表示 B_i 与 C_j 之间第 k 个特征参数的关联系数；$\xi(B_i,C_j)$ 表示 B_i 与 C_j 之间的灰色关联度。

当求得 B_i 与已知射频指纹库中的每一个 $C_j\,(j=1,2,\cdots,m)$ 的关联度 $\xi(B_i,C_j)$ $(j=1,2,\cdots,m)$ 后，为了识别 B_i 所属的通信辐射源个体是否为合法接入无线通信设备，这里加入了如下判断准则：

$$
T = \left(\left(最大关联度\middle/\sum_{j=1}^{m}\xi(B_i,C_j)\right) - \frac{1}{m}\right)\middle/\left(\frac{1}{m}\right) \tag{7.24}
$$

最大关联度的表达式为

$$
\max(\xi(B_i,C_j),j=1,2,\cdots,m)
$$

若 $T<$ 某一阈值（定义阈值为 0.0042），则 B_i 所属的通信辐射源个体为非法接入无线通信设备；否则，B_i 所属的通信辐射源个体为合法接入无线通信设备，就可以将 B_i 分类至射频指纹库中最大关联度所属的通信辐射源个体标签。

7.3.2　应用与分析

1. 案例 1

具体的实施方案以识别同厂家、同型号、同批次的 8 个 EBYTE 生产的无线数传电台 E90-DTU 设备为例，过程如下。

基带信号采集设备：Signal Hound 公司生产的 SM200B 实时频谱分析仪。

采集环境：视距场景、视距场景 + 非视距场景的混合场景、变化信噪比场景。

采集 8 个 EBYTE 生产的无线数传电台 E90-DTU 设备，信号采集频点为 433MHz，经过方差轨迹检测截取的稳态信号片段长度为 15000 点。其中，功率谱密度算法中，设置 FFT 点数为 2048，降采样率为 2（根据大量测试结果，当采样频率为 40MHz、降采样率为 2 时识别效果最佳）。

1）在视距场景下

每个设备采集 200 个样本（其中随机选取 140 个样本作为训练样本，剩余 60 个样本作为测试样本），得到的识别结果如图 7.5 所示。

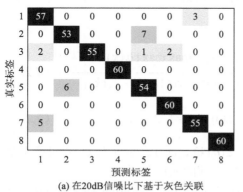
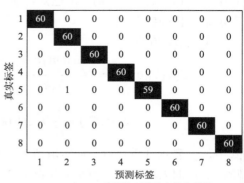
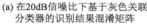

(a) 在20dB信噪比下基于灰色关联　　　　　　　(b) 在20dB信噪比下基于支持向量机
　　分类器的识别结果混淆矩阵　　　　　　　　　　分类器的识别结果混淆矩阵

图 7.5　在视距场景（LOS）下识别结果混淆矩阵

如图 7.5 所示，在 20dB 信噪比下基于灰色关联分类器可以得到 94.58% 识别准确率，在 20dB 信噪比下基于支持向量机分类器可以得到 99.79% 识别准确率。作为识别效果对比，本章还测试了基于熵特征、Holder 系数特征与支持向量机分类器的识别效果，得到的识别准确率分别为 19.17% 和 12.92%。

2）在视距场景 + 非视距场景的混合场景下

采集 8 个 EBYTE 生产的无线数传电台 E90-DTU 设备，每个设备在视距场景下采集 200 个样本，在非视距场景下采集 50 个样本，即每个设备采集的 250 个样本中，随机选取 200 个样本作为训练样本，剩余 50 个样本作为测试样本，得到的识别结果如图 7.6 所示。

如图 7.6 所示，在 20dB 信噪比下基于灰色关联分类器可以得到 93.50% 识别准确率，在 20dB 信噪比下基于支持向量机分类器可以得到 98.75% 识别准确率。

3）在变化信噪比场景下

采集 8 个 EBYTE 生产的无线数传电台 E90-DTU 设备，每个设备在视距场景下采集 200 个样本，在非视距场景下采集 50 个样本，即每个设备采集 250 个样本（其中随机选取 200 个样本作为训练样本，剩余 50 个样本作为测试样本），得到在不同信噪比下的识别结果如图 7.7 所示。

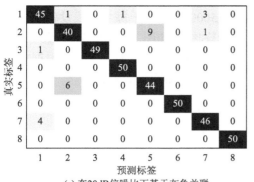

(a) 在20dB信噪比下基于灰色关联
分类器的识别结果混淆矩阵

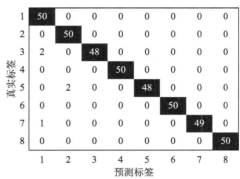

(b) 在20dB信噪比下基于支持向量机
分类器的识别结果混淆矩阵

图 7.6　在视距场景与非视距场景的混合场景下识别结果混淆矩阵

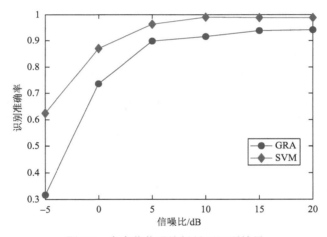

图 7.7　在变化信噪比场景下识别结果

　　如图 7.7 所示，在 5dB 信噪比下基于灰色关联分类器（GRA）仍得到 89.75%
识别准确率，在 5dB 信噪比下基于支持向量机分类器仍得到 96.25% 识别准确率。
上述三个实施案例，平均每个测试样本的识别计算耗时不超过 0.0348s（基于灰色
关联分类器）和 2.0552×10^{-4}s（基于支持向量机分类器），说明本章所提方法在保
证识别计算实时性的同时，具有优异的识别准确率。

　　2. 案例 2

　　为了准确地识别和认证物联对象，阻止用户身份假冒和设备克隆等问题的发生，
再以识别同厂家、同型号、同批次的 100 个 WiFi 网卡设备为例，测试过程如下。

　　基带信号采集设备为 FSW26 型频谱分析仪，采集环境为实验室室内场景。共
采 100 个 WiFi 网卡设备，每个设备采集 50 个样本，信号采样频率为 40MHz，经

过方差轨迹检测截取的稳态信号片段长度为 15000 点。对于每个无线设备，训练样本个数为 40，测试样本个数为 10，得到的识别结果如图 7.8 和表 7.1、表 7.2 所示。其中，功率谱密度算法中，设置 FFT 点数为 2048，降采样率为 2（根据大量测试结果，当采样频率为 40MHz、降采样率为 2 时识别效果最佳）。

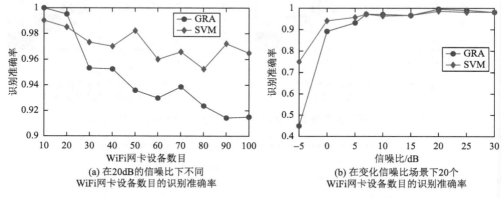

(a) 在20dB的信噪比下不同
WiFi网卡设备数目的识别准确率

(b) 在变化信噪比场景下20个
WiFi网卡设备数目的识别准确率

图 7.8　在不同 WiFi 网卡设备数目和变化信噪比场景下的识别结果

表 7.1　在 20dB 的信噪比下不同 WiFi 网卡设备数目的识别准确率

设备数目	GRA	SVM
10	1	0.990
20	0.995	0.985
30	0.9533	0.9733
40	0.9525	0.970
50	0.936	0.982
60	0.930	0.960
70	0.9386	0.9657
80	0.9237	0.9525
90	0.9144	0.9722
100	0.915	0.965

表 7.2　在变化信噪比场景下 20 个 WiFi 网卡设备数目的识别准确率

信噪比/dB	GRA	SVM
−5	0.450	0.750
0	0.890	0.940
5	0.930	0.955
7	0.970	0.970
10	0.970	0.965
15	0.965	0.965
20	0.995	0.985
25	0.990	0.980
30	0.980	0.980

如图 7.8（a）和表 7.1 所示，在 20dB 的信噪比下，随着 WiFi 网卡设备数目增多，本节所提方法的识别准确率都有一定程度的降低，但基于支持向量机分类器的识别准确率降低幅度较小，当 WiFi 网卡设备数目增加到 100 个时，识别准确率仍大于 96%，说明本节所提方法适用于处理物联网感知层终端设备数量庞大的场景。如图 7.8（b）和表 7.2 所示，在变化信噪比场景下，20 个 WiFi 网卡设备数目的识别准确率保持了良好的稳定性，在 5dB 的信噪比下，本节所提方法的识别准确率仍大于 90%，直到低于 0dB 的信噪比时，本节所提方法的识别准确率才出现明显的降幅，说明了本节所提方法提取的射频指纹特征具有优异的鲁棒性和抗信道环境干扰能力。

7.4　基于差分功率谱密度特征提取的射频指纹识别方法

本节是针对现有射频指纹识别方法对通信辐射源个体（特别是同厂家、同型号、同批次的无线设备）识别准确率低的问题，进一步探讨提出一种基于差分功率谱密度指纹特征和灰色关联分类器的通信辐射源个体识别方法，来保证识别计算实时性，同时提高识别准确率。

7.4.1　算法实现基本步骤

假设通信辐射源个体发射的射频信号为

$$s(t) = x(t)\mathrm{e}^{-\mathrm{j}2\pi f_\mathrm{t}t}$$

式中，t 为采样点位置；$x(t)$ 为发射机基带信号；f_t 为发射机载波频率。若通信辐射源个体的射频电路是理想的，信道也是理想的，则接收机接收到的信号为 $r(t) = s(t)$。

接收机将信号进行下变频得到基带信号 $y(t) = r(t)\mathrm{e}^{\mathrm{j}(2\pi f_\mathrm{r}t+\varphi)}$，其中 f_r 为接收机载波频率，φ 为接收机接收信号时的相位偏差。

当 $f_\mathrm{r} \neq f_\mathrm{t}$ 时，接收机下变频得到的基带信号即为

$$y(t) = x(t)\mathrm{e}^{\mathrm{j}(2\pi\theta t+\varphi)}$$

式中，$\theta = f_\mathrm{r} - f_\mathrm{t}$。由于解调的信号含有残余的频率偏差 θ，基带信号的每一个采样点都有一个相位旋转因子 $\mathrm{e}^{\mathrm{j}2\pi\theta t}$。该相位旋转因子随着采样点位置 t 的不同而变化，因此会造成星座轨迹图整体的旋转。

在大部分相干解调的通信系统中，将频率偏差及相位偏差进行估计可以得到估计的频率偏差 $\tilde{\theta}$ 和相位偏差 $\tilde{\varphi}$。接收机利用估计的结果对接收的信号进行频率偏差和相位偏差补偿，从而获得稳定的星座图。在基于星座图的射频指纹提取方法中，接收机的目的不是准确地解调出每一个接收的信号调制符号，因此可以将接收的信号按照一定的间隔 n 进行差分处理后得到较稳定的星座图。差分处理的方法为

$$d(t) = y(t)y^*(t+n) = x(t)\mathrm{e}^{\mathrm{j}(2\pi\theta t+\varphi)}x(t+n)\mathrm{e}^{-\mathrm{j}(2\pi\theta(t+n)+\varphi)}$$
$$= x(t)x(t+n)\mathrm{e}^{-\mathrm{j}2\pi\theta n} \tag{7.25}$$

式中，$d(t)$为差分处理后的信号；y^*为y的共轭值；n取值为1。差分处理后的信号 $d(t)$虽然还含有一个相位旋转因子 $\mathrm{e}^{-\mathrm{j}2\pi\theta n}$，但是该相位旋转因子是一个恒定的数值，不会随着采样点位置的变化而改变，因此差分处理后的新的 I/Q 两路信号仅包含一个恒定数值的相位旋转因子，在不对接收机的载波频率偏差和相位偏差进行估计和补偿时，也可以获取较稳定的星座图，如图 7.9 所示。

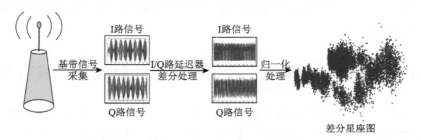

图 7.9　经过差分处理后的可视化差分星座图

再对差分处理后的新的 I 路信号进行数据标准化处理。计算数据标准化处理后的稳态信号片段的功率谱密度得到特征向量，将所述特征向量作为发射机的射频指纹，并生成射频指纹库。最后利用智能分类器识别所述射频指纹库的射频指纹特征，输出识别结果，完成通信辐射源个体识别。本节所采用的技术方案如图 7.10 所示。

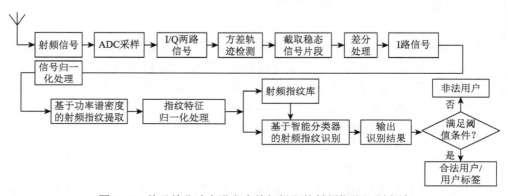

图 7.10　基于差分功率谱密度特征提取的射频指纹识别方法

7.4.2　应用与分析

1. 案例 1

具体的实施方案以识别同厂家、同型号、同批次的 8 个 EBYTE 生产的无线数传电台 E90-DTU 设备为例，过程如下。

基带信号采集设备：Signal Hound 公司生产的 SM200B 实时频谱分析仪。

采集环境：视距场景。采集 8 个 EBYTE 生产的无线数传电台 E90-DTU 设备，信号采集频点为 433MHz，经过方差轨迹检测截取的稳态信号片段长度为 15000 点。

本节选择 EBYTE 生产的无线数传电台作为信号发生设备，其基本参数如表 7.3 所示。

表 7.3　无线数传电台详细参数

设备	调制方式	中心频率	子信道带宽	传输距离
E90-DTU	LoRa	433MHz	1MHz	8000m

对于信号采集设备，采集设备采用 Signal Hound 生产的 SM200B 频谱分析仪，其频谱范围为 100kHz～20GHz，带宽高达 160MHz，采样率高达 250MHz。

每个无线数传电台设备采集 200 个样本，其中随机选取 140 个样本作为训练样本，剩余 60 个样本作为测试样本，得到的识别结果如表 7.4～表 7.7 和图 7.11 所示。

表 7.4　基于功率谱密度与灰色关联分类器的识别结果（SNR = 20dB）（一）

类别标签	测试样本的数目	识别结果								识别准确率	总体识别准确率
		1	2	3	4	5	6	7	8		
1	60	58	0	0	0	0	0	2	0	96.67%	
2	60	1	55	0	0	4	0	0	0	91.67%	
3	60	2	0	57	0	0	1	0	0	95%	
4	60	0	0	0	60	0	0	0	0	100%	95.63%
5	60	0	9	0	0	51	0	0	0	85%	
6	60	0	0	0	0	0	60	0	0	100%	
7	60	2	0	0	0	0	0	58	0	96.67%	
8	60	0	0	0	0	0	0	0	60	100%	

表 7.5　基于差分功率谱密度与灰色关联分类器的识别结果（SNR = 20dB）（一）

类别标签	测试样本的数目	识别结果								识别准确率	总体识别准确率
		1	2	3	4	5	6	7	8		
1	60	60	0	0	0	0	0	0	0	100%	
2	60	0	57	0	0	3	0	0	0	95%	
3	60	0	0	60	0	0	0	0	0	100%	
4	60	0	0	0	60	0	0	0	0	100%	98.96%
5	60	0	2	0	0	58	0	0	0	96.67%	
6	60	0	0	0	0	0	60	0	0	100%	
7	60	0	0	0	0	0	0	60	0	100%	
8	60	0	0	0	0	0	0	0	60	100%	

表 7.6　基于功率谱密度与灰色关联分类器的识别结果（SNR = 10dB）（一）

类别标签	测试样本的数目	识别结果								识别准确率	总体识别准确率
		1	2	3	4	5	6	7	8		
1	60	59	0	0	0	0	0	1	0	98.33%	
2	60	2	46	0	0	12	0	0	0	76.67%	
3	60	4	0	55	0	1	0	0	0	91.67%	
4	60	0	0	0	60	0	0	0	0	100%	
5	60	1	8	0	0	51	0	0	0	85%	92.71%
6	60	0	0	0	0	0	60	0	0	100%	
7	60	6	0	0	0	0	0	54	0	90%	
8	60	0	0	0	0	0	0	0	60	100%	

表 7.7　基于差分功率谱密度与灰色关联分类器的识别结果（SNR = 10dB）（一）

类别标签	测试样本的数目	识别结果								识别准确率	总体识别准确率
		1	2	3	4	5	6	7	8		
1	60	59	0	0	0	0	0	1	0	98.33%	
2	60	0	50	0	0	10	0	0	0	83.33%	
3	60	2	0	58	0	0	0	0	0	96.67%	
4	60	0	0	0	60	0	0	0	0	100%	
5	60	0	4	0	0	56	0	0	0	93.33%	96.25%
6	60	0	0	0	0	0	60	0	0	100%	
7	60	1	0	0	0	0	0	59	0	98.33%	
8	60	0	0	0	0	0	0	0	60	100%	

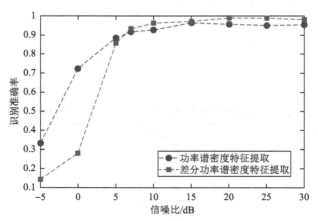

图 7.11　在变化信噪比场景下的识别结果

如表 7.4～表 7.7 和图 7.11 所示，在变化信噪比场景下，8 个无线数传电台设备的识别准确率保持了良好的稳定性，在 7dB 的信噪比下，本节所提方法的识别准确率仍大于 93%，在较高信噪比场景下，本节所提方法的识别准确率优于前面所提方法。直到低于 5dB 的信噪比时，本节所提方法的识别准确率才出现明显的降幅，此时，本节所提方法的识别准确率劣于 7.3 节所提方法。

2. 案例 2

具体的实施方案仍以识别同厂家、同型号、同批次的 8 个 EBYTE 生产的无线数传电台 E90-DTU 设备为例，过程如下。

基带信号采集设备：Signal Hound 公司生产的 SM200B 实时频谱分析仪。

采集环境：视距场景 + 非视距场景的混合场景。采集 8 个 EBYTE 生产的无线数传电台 E90-DTU 设备，信号采集频点为 433MHz，经过方差轨迹检测截取的稳态信号片段长度为 15000 点。

采集 8 个 EBYTE 生产的无线数传电台 E90-DTU 设备，每个设备在视距场景下采集 200 个样本，在非视距场景下采集 100 个样本，即每个设备采集的 300 个样本中，随机选取 240 个样本作为训练样本，剩余 60 个样本作为测试样本，得到的识别结果如表 7.8～表 7.11 和图 7.12 所示。

表 7.8 基于功率谱密度与灰色关联分类器的识别结果（SNR = 20dB）（二）

类别标签	测试样本的数目	识别结果								识别准确率	总体识别准确率
		1	2	3	4	5	6	7	8		
1	50	49	0	0	0	0	0	11	0	81.67%	
2	60	0	53	0	0	7	0	0	0	88.33%	
3	60	2	0	57	0	0	0	1	0	95%	
4	60	0	0	0	60	0	0	0	0	100%	93.33%
5	60	0	5	0	0	54	0	1	0	90%	
6	60	0	0	0	0	0	60	0	0	100%	
7	60	5	0	0	0	0	0	55	0	91.67%	
8	60	0	0	0	0	0	0	0	60	100%	

表 7.9 基于差分功率谱密度与灰色关联分类器的识别结果（SNR = 20dB）（二）

类别标签	测试样本的数目	识别结果								识别准确率	总体识别准确率
		1	2	3	4	5	6	7	8		
1	60	59	0	0	0	0	0	1	0	98.33%	
2	60	0	56	0	0	4	0	0	0	93.33%	
3	60	0	0	60	0	0	0	0	0	100%	
4	60	0	0	0	60	0	0	0	0	100%	98.54%
5	60	0	0	0	0	59	0	0	1	98.33%	
6	60	0	0	0	0	0	60	0	0	100%	
7	60	0	0	1	0	0	0	59	0	98.33%	
8	60	0	0	0	0	0	0	0	60	100%	

表 7.10　基于功率谱密度与灰色关联分类器的识别结果（SNR = 10dB）（二）

类别标签	测试样本的数目	识别结果								识别准确率	总体识别准确率
		1	2	3	4	5	6	7	8		
1	60	52	1	0	0	0	0	7	0	86.67%	
2	60	1	40	0	0	18	0	1	0	66.67%	
3	60	4	0	55	0	1	0	0	0	91.67%	
4	60	1	0	0	58	1	0	0	0	96.67%	89.38%
5	60	1	6	0	0	53	0	0	0	88.33%	
6	60	0	0	1	0	0	59	0	0	98.33%	
7	60	5	0	0	0	1	0	54	0	90%	
8	60	1	0	0	0	1	0	0	58	96.67%	

表 7.11　基于差分功率谱密度与灰色关联分类器的识别结果（SNR = 10dB）（二）

类别标签	测试样本的数目	识别结果								识别准确率	总体识别准确率
		1	2	3	4	5	6	7	8		
1	60	58	0	0	0	0	0	2	0	96.67%	
2	60	0	48	0	0	12	0	0	0	80%	
3	60	0	0	60	0	0	0	0	0	100%	
4	60	0	0	0	60	0	0	0	0	100%	95.83%
5	60	0	5	0	0	55	0	0	0	91.67%	
6	60	0	0	0	0	0	60	0	0	100%	
7	60	1	0	0	0	0	0	59	0	98.33%	
8	60	0	0	0	0	0	0	0	60	100%	

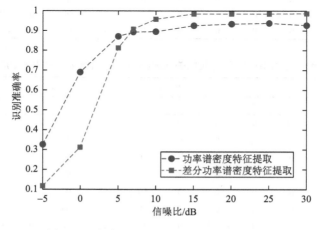

图 7.12　在变化信噪比场景下的识别准确率

如表 7.8～表 7.11 和图 7.12 所示,在变化信噪比场景下,8 个无线数传电台设备的识别准确率保持了良好的稳定性,在 7dB 的信噪比下,本节所提方法的识别准确率仍大于 90%,在较高信噪比场景下,本节所提方法的识别准确率明显优于前面所提方法。直到低于 5dB 的信噪比时,本节所提方法的识别准确率才出现明显的降幅,此时,本节所提方法的识别准确率劣于前面所提方法。

3. 案例 3

为了准确地识别和认证物联对象,阻止用户身份假冒和设备克隆等问题的发生,再以识别同厂家、同型号、同批次的 100 个 WiFi 网卡设备为例,测试过程如下。

基带信号采集设备为 FSW26 型频谱分析仪,采集环境为实验室室内场景。共采集 100 个 WiFi 网卡设备,每个设备采集 50 个样本,信号采样频率为 80MHz,经过方差轨迹检测截取的稳态信号片段长度为 30000 点。对于每个无线设备,训练样本个数为 40,测试样本个数为 10,得到的识别结果如图 7.13 和表 7.12、表 7.13 所示。其中,功率谱密度算法中,设置 FFT 点数为 2048,降采样率为 4(根据大量测试结果,当采样频率为 80MHz 时,降采样率为 4 时识别效果最佳)。

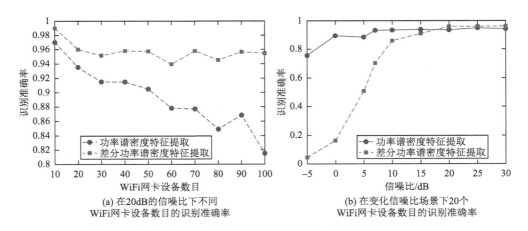

(a) 在20dB的信噪比下不同 WiFi网卡设备数目的识别准确率

(b) 在变化信噪比场景下20个 WiFi网卡设备数目的识别准确率

图 7.13 在不同 WiFi 网卡设备数目和变化信噪比场景下的识别结果

表 7.12 在 20dB 的信噪比下不同 WiFi 网卡设备数目的识别准确率

设备数目	PSD	差分 PSD
10	0.970	0.990
20	0.935	0.960
30	0.915	0.9517
40	0.915	0.9575
50	0.905	0.957

续表

设备数目	PSD	差分 PSD
60	0.8783	0.9392
70	0.8771	0.9579
80	0.8494	0.945
90	0.8683	0.9561
100	0.855	0.9545

注：PSD 表示功率谱密度特征。

表 7.13　在变化信噪比场景下 20 个 WiFi 网卡设备数目的识别准确率

信噪比/dB	PSD	差分 PSD
−5	0.755	0.0475
0	0.8925	0.165
5	0.8825	0.505
7	0.930	0.7025
10	0.9325	0.8575
15	0.935	0.9075
20	0.935	0.960
25	0.950	0.955
30	0.940	0.9575

　　如图 7.13（a）和表 7.12 所示，在 20dB 的信噪比下，随着 WiFi 网卡设备数目增多，本节所提方法和前面所提方法的识别准确率都有一定程度的降低，但本节所提方法的识别准确率降低幅度较小，当 WiFi 网卡设备数目增加到 100 个时，识别准确率仍大于 95%，说明了本节所提方法在较高信噪比下更适用于处理物联网感知层终端设备数量庞大的场景。如图 7.13（b）和表 7.13 所示，在变化信噪比场景下，20 个 WiFi 网卡设备数目的识别准确率保持了良好的稳定性，但在低信噪比下，本节所提方法的识别准确率会出现明显的降幅，说明了本节所提方法提取的射频指纹特征抗信道环境干扰能力弱于前面所提方法。

　　为准确地识别和认证物联对象，阻止用户身份假冒和设备克隆等问题的发生，本章提出了一种基于功率谱密度指纹特征与智能分类器的通信辐射源个体识别方法。通过对识别同厂家、同型号、同批次的 8 个无线数传电台 E90-DTU 设备和 100 个 WiFi 网卡设备的实验测试，可以得到如下有意义的结论。

　　（1）在识别同厂家、同型号、同批次的 8 个无线数传电台 E90-DTU 设备的实验测试中，在视距场景＋非视距场景的混合场景下，在 5dB 信噪比下基于功率谱密度指纹特征与支持向量机分类器仍得到 96.25%识别准确率。

（2）基于功率谱密度指纹特征，平均每个测试样本的识别计算耗时不超过 0.0348s（基于灰色关联分类器）和 0.00020552s（基于支持向量机分类器），说明了本章所提方法既能有效保证识别准确性，又能有效保证计算实时性。

（3）在识别同厂家、同型号、同批次的 100 个 WiFi 网卡设备的实验测试中，在 20dB 的信噪比下，基于功率谱密度指纹特征与支持向量机分类器的识别准确率仍大于 96%，说明了本章所提方法适用于处理物联网感知层终端设备数量庞大的场景。

（4）在变化信噪比场景下，20 个 WiFi 网卡设备数目的识别准确率在 5dB 的信噪比下仍大于 90%，说明了本章所提方法提取的射频指纹特征具有优异的鲁棒性和抗信道环境干扰能力。

（5）在较高信噪比场景下，差分功率谱密度指纹特征的识别准确率优于功率谱密度指纹特征，但在低信噪比场景下，差分功率谱密度指纹特征的抗信道环境干扰能力弱于功率谱密度指纹特征。

参 考 文 献

[1]　李靖超，应雨龙. 基于功率谱密度的通信辐射源个体识别方法[J]. 太赫兹科学与电子信息学报，2021，19（4）：596-602.

[2]　刘宝洲. 周期图法功率谱估计及其改进算法的研究[J]. 电子测量技术，2020，43（5）：76-79.

[3]　李昌，陈金花. 基于最大熵功率谱估计的 Hadoop 高速数据访问[J]. 科技通报，2014，30（8）：59-61.

第8章　基于射频信号基因的物联网物理层多级智能认证方法

由于无线电传输的开放性，无线通信网络带来的信息安全问题不断涌现，尤其是用户身份假冒、重放攻击和设备克隆等问题。可信的识别认证对于保障物联网设备信息安全至关重要。传统的认证机制是在应用层实现的，利用密码算法生成第三方难以仿冒的数值结果，但这种机制存在着协议安全漏洞和密钥泄露的风险。由于电力物联网的空前规模（感知层终端设备具有多样化、智能化、复杂化且数量庞大的特点），设计可扩展、准确、节能和防篡改的身份认证机制比以往任何时候都更加重要。物理层认证是保障无线通信安全的核心技术之一，其基本原理是联合收发信道与传输信号的空时特异性，对通信双方的物理特征进行验证，从而在物理层实现身份认证。相比于 MAC 层及上层的认证技术，它能够有效抵御模仿攻击，具有认证速度快、复杂度低、兼容性好、不需要考虑各种协议执行的优点。针对上述电力物联网信息安全问题，本章探讨一种基于射频基因精细画像的电力物联网物理层智慧认证方法，如图 8.1 所示。

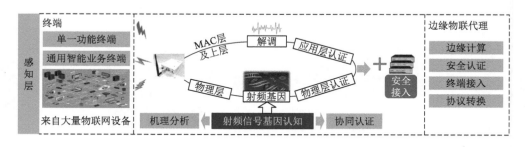

图 8.1　基于射频信号基因特性的物联网物理层认证机制

本章将物联网终端设备发射的电磁波信号所携带的固有的、本质的无意调制信息，作为该设备的可识别基因特征，通过特征组合、融合等有效的特征提取方法，构建该设备基因特征的多级精细画像数据库，将一维射频信号特征集转换为多层次、多维度、多信度的二维图像数据集，再利用深度学习在处理图像识别方面的优势，对代表物联网终端设备物理层硬件特征的画像集进行识别，有助于实现物理层安全认证的"可视化、精准化、智能化"，确保物联网安全稳定运行，有利于构建适应物联网的新一代信息化技术架构体系，以期打造适应物联网应用的物理层安全认证体系。

8.1　射频信号基因认知

基于射频信号指纹的辐射源个体识别，是基于设备物理层硬件的差异性，理论上不随发射信号的改变而改变。就像每个人有不同的指纹，每个无线设备也有不同的射频指纹，这种差异会反映在通信信号中，通过分析接收到的射频信号就可以提取出该特征。但是，随着硬件产品工业的发展，终端设备的射频器件工艺在不断提升，容差逐渐缩小，使得射频指纹的提取与区别更加困难。同时，终端类型多、数量多，不断有新产品进入物联网，且传统的射频指纹特征不稳定，影响识别性能的因素很多（图 8.2），所以需要另一种方式去达到目的，也就是射频信号基因认知技术（图 8.3）。

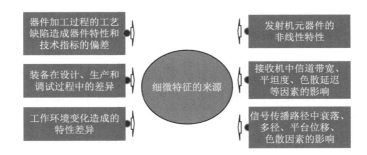

图 8.2　射频基因产生、传播和接收过程中的影响因素

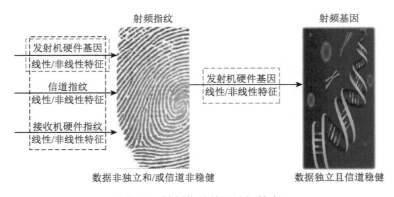

图 8.3　射频信号基因认知技术

个体识别技术的缺点在辐射源个体识别系统中普遍存在，如在调制方式、电

路元器件及其容差、工作环境等情况改变时其指纹特征往往会失效；哪些细微特征能够反映信号的固有本质特征尚不清楚等。要克服个体识别技术的弊端，必须更进一步找到射频信号基因。通过射频信号基因认知技术对无线终端进行认证和识别，一般来说，要求射频基因能够具备以下特点，如图 8.4 所示。

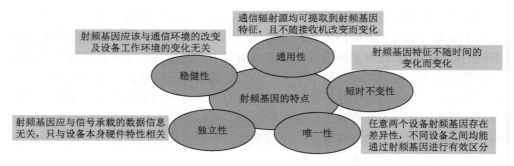

图 8.4　射频基因应具备的特点

（1）通用性：在满足识别性能要求的前提下，该指标适用于不同类型的发射机。

（2）唯一性：射频基因足以将不同的发射机区分开来，而不会发生混淆，即使对同批次、同型号的发射机仍然能够找到其中的细微差异，能够区别相同厂家、相同型号的不同设备。

（3）短时不变性：时间会导致元器件老化与退化，环境的变化也可能导致元器件参数值的变化。提取的射频基因能够在一定时间内保持稳定。

（4）独立性：射频基因只应该包含发射机的硬件信息，不会受信号调制样式和传输内容等因素影响。关于射频基因的"独立性"仍然需要更加深入地研究，并结合大量的仿真和实测实验进行验证。

（5）稳健性：可抵抗噪声干扰，抵抗温度、湿度、功率及压力的变化，不受天线极化方向、收发机位置及信道距离等因素变化的影响。关于射频基因"稳健性"是射频基因走向实用的一个关键要求，仍然有大量细致的工作需要完成。

本章在原有物联网应用层密码认证机制的基础上，开展物理层认证机制研究，进一步增强物联网的信息安全。随着物联网不断发展，爆炸性增长的智能业务终端、高速和低延迟的通信需求给物联网终端设备身份认证带来了巨大挑战，现有的通信系统和安全认证机制难以满足这些需求。且信息安全防护体系在系统结构信息的利用以及海量数据的处理方面存在根本的局限性。为解决以上相关问题，本章提出了基于射频基因精细画像的物联网物理层智慧认证方法，提取终端设备具有鲁棒性的基因特征，建立多级精细画像数据库，构建适用于无线通信的深度学习模型，并设计多粒度智能分类器，实现对终端设备身份的智慧识别，以期打造适应物联网的物理层安全认证体系。

从国内外研究现状分析可知，基于射频信号基因特征的物联网物理层认证技术还存在着如下亟待解决的问题。

（1）射频信号基因特性的产生机理及数学建模问题。综合已有参考文献，现有射频信号细微特征的建模仍处于"指纹"特征讨论阶段，且没有从理论上给出确切的定义，对于射频信号基因特性的数学建模、产生机理及影响因素的分析讨论较少，仍有待深入研究。

（2）有效射频信号基因特征提取的模式与手段问题。传统的针对变化比较明显的射频信号的特征提取方法已经取得了较好的成果，但对同一厂家、同一型号、同一批次的多个通信设备间仅有的细微差异的特征提取方法，仍值得讨论。

（3）多模式射频信号基因特征的度量问题。目前，特征提取方法众多，特征提取的精度越高，对应算法的复杂度也越高。这就需要针对不同的待识别对象，不同的识别准确率要求，选择相应的特征提取方法。如何平衡识别准确率和识别效率之间的关系，有待进一步深入研究。

（4）有效的无线通信深度学习模型的建立问题。现有的信息安全防护体系在系统异构信息的利用以及海量数据的处理方面存在根本的局限性。深度学习方法给物理层认证提供了新的思路。但是，在基于深度学习的通信框架下，如何设计适用于无线通信的深度学习模型是亟待解决的重要问题之一。

8.2　基于射频信号基因特性的物联网物理层认证方法研究目标

为更好地解决物联网终端用户身份假冒、重放攻击和设备克隆等带来的信息安全问题，本章以泛在电力物联网物理层认证识别为研究对象，类比生物基因的特性，提出电磁波基因的概念，探索同一厂家、同一型号、同一批次的相似度极高的物联网终端设备的识别方法。本章重点研究基于设备属性特征的多级精细画像的建立方法及多粒度智能分类器的设计方法，为解决泛在电力物联网及其他工业物联网的物理层安全认证问题带来一些新的思路。这些内容的提出，都是课题组在已有研究基础以及分析大量参考文献的基础上，针对物联网信息安全中存在的问题，理论结合实践提出来的。通过建立无线设备的物理层基因，并与应用层密码机制结合，有望极大提高泛在电力物联网及其他工业物联网通信网络安全性能。

射频信号基因特性的认知及识别，在许多领域都具有重要的研究价值。例如，设备故障的诊断和定位；信息对抗领域中辐射源个体、身份和属性的识别；地质勘测中地质信号的分析；房屋建设中墙体质量的检测；生产线上产品质量稳定性的检测；物联网认证与接入、非法接入点检测；网络的接入控制、克隆检测等。

依据立论分析中物联网存在的信息安全问题，本章的研究目标是以泛在电力物联网物理层的认证识别为研究对象，在对射频信号基因特性及信道传输过程中电磁波的散射特性进行数学建模的基础上，针对同一厂家、同一型号、同一批次的相似度极高的终端设备，建立信号的多级属性特征精细画像，再设计多粒度智能分类器，实现对不同级别物联网终端设备的智慧识别，进而解决泛在电力物联网终端用户身份假冒、重放攻击和设备克隆等信息安全问题，探索物联网物理层认证与接入的新理论和新方法，以提高泛在电力物联网及相关工业物联网的通信网络安全，从而为相关工程实践中打造适应泛在电力物联网及其他工业物联网应用的物理层安全防护体系提供可靠的理论依据。

依据研究目标，本章以泛在电力物联网物理层的认证识别为研究对象，设计基于射频信号基因特性的物联网物理层认证系统，在原有物联网认证与接入的基础上，建立无线设备的物理层基因数据库，与应用层密码机制结合，极大地提高物联网通信网络安全性能。其中，在多级精细画像属性特征及多粒度智能分类器的建立方法中，把待识别信号进行分级识别，提高识别效率及识别的准确性。定义物联网设备中，不同型号、不同厂家的，或同一型号、不同厂家的差异较大的物联网终端设备，为一级信号设备，较易识别；定义同一厂家、同一型号、不同批次的物联网终端设备，为二级信号设备，相对较难识别；定义同一厂家、同一型号、同一批次相似度极大的物联网终端设备，为三级信号设备，一般的特征提取及分类算法难以实现分类，也是本章重点研究的内容。通过采取分级的特征提取方法及分类方法，提高信号的识别效率。

8.2.1　基于射频信号基因认知分析的多级数学建模

基于以上分级信号定义，对于一级信号设备可直接优化传统信号识别模型，去除冗余，提高识别准确率；对于二级信号设备可通过改进算法提高识别效果；重点分析难以辨识的三级信号设备，类比生物的基因特性，提出电磁波基因的概念，从数学的角度分析电磁波基因的存在性问题。一方面对不同物联网设备本身的硬件差异进行分析，另一方面从接收信号和发射信号的差异中分析信道衰变等环境因素所导致的信号多级误差。具体研究内容如下。

（1）信号基因特征的数学建模。利用多维泰勒网模型对信号的基因特征进行数学建模，将信号的基因特征用级数项数学组合的形式进行表述，全面提取不同信号的公共部分特征，重点研究残差信号的特征提取。不同级别的残差值对应着不同级别信号的基因特征，残差级别越高，对应的基因特征越精细，越能深刻反映设备个体信号的微小差异。

（2）设备个体差异影响因素的数学建模。分析调制样式、硬件电路元器件及其"容差"对电磁波信号基因特性的影响，重点研究终端设备的个体差异，并对其基因特性进行数学建模。

（3）信道散射特性的数学建模。利用自编码技术，对发射信号和接收信号的残差信号进行多级表示，建立传输信道散射特性数学模型，补偿传输过程中可能丢失的信息，缩小接收信息的粒度，实现对已知设备与伪装设备的准确辨识。

8.2.2　基于射频信号精细画像的多级特征提取

由于物联网辐射源的个体特征信息附加于原始信号上，个体特征差异较小，直接利用多特征融合方法进行数字化度量难以实现对个体设备的准确识别。本章拟将用于营销领域刻画用户行为习惯的用户画像技术，引入物联网辐射源个体识别领域，在对发射一级、二级信号的终端设备进行准确识别的基础上，重点研究具有三级信号特性设备的特征提取方法，从类别、型号、批次多个粒度来提取设备个体细微差异，构建多层次、多维度、多信度的多级射频基因精细画像，实现多特征的智能融合，建立多特征认知体系，提高数据库的泛化能力。具体拟从以下几个方面展开研究。

（1）一级信号多层次特征提取与画像表示。根据待识别射频信号的分布特性，选择合适的切片尺度，将信号划分为多维切片，再对每一个切片进行特征提取，更为精细地从多层次来刻画不同类别、型号、批次的个体信号精细特征，构成一级画像。

（2）二级信号多维度特征智能融合与画像表示。对于具有二级信号特征的个体设备，根据待识别信号的可分类程度，将信号的多属性特征利用深度学习进行智能融合，更全面地描述信号的多维度基因融合特征，构成二级画像。

（3）三级信号多信度画像融合与表示。提出基于融合特征的统计图域的概念，将多维向量特征转换为多维彩色图像，结合深度学习算法的智能感知原理，对不同图像特征进行多信度智能融合，增加射频信号样本间特征差异的信息量，构成三级精细画像。

（4）多级精细画像数据库的构建。综合以上三级画像，构建由粗特征到细特征的不同层次的多级基因精细画像数据库，为每一种物联网物理层设备绘制完备的"基因图谱"，进而为后续的分类提供基因数据库支持。

8.2.3　基于知识和数据联合驱动的多粒度智能分类器设计

在建立射频信号多级基因特征数据库的基础上，针对具有不同粒度（厂家、型号、批次）的待识别信号，根据待分类特征数据的难易程度，设计基于知识和数据联合驱动的多粒度智能分类器，对于提取到的信号粗特征，可直接利用一级分类器进行识别，而对于较为精细的一级分类器无法识别的特征，再依次考虑利用二级、三级分类器进行识别，具体研究内容如下。

（1）一级精确识别分类器的设计。对于已知少量知识信息的较易识别的设备，通过设定阈值等简单算法，设计一级分类器实现对不同设备的厂家等粗信息的精确识别。

（2）二级智能识别分类器的设计。对于一级分类器无法识别的信号，将多维特征作为神经网络的输入，在神经网络对特征进行智能融合的基础上直接识别，对不同的物联网设备赋予更精细的标签，区别其型号、批次等，实现对二级信号的智能识别。

（3）三级智慧识别分类器的设计。对于二级分类器无法识别的信号，利用具有更好泛化能力的多级精细画像，设计三级分类器，结合深度学习算法，对不同的设备建立多属性标签，实现对物联网设备的智慧识别。

（4）深度学习网络的压缩与加速。以上分类器设计所涉及的主要模块——深度神经网络模型往往存在训练耗时、结构参数较多等缺陷，拟设计更加简洁的无线电信号稀疏特性深度学习模型，并采用模型剪枝手段，达到对深度学习网络模型进行压缩与加速的效果。

上述研究内容及其逻辑关系如图 8.5 所示。

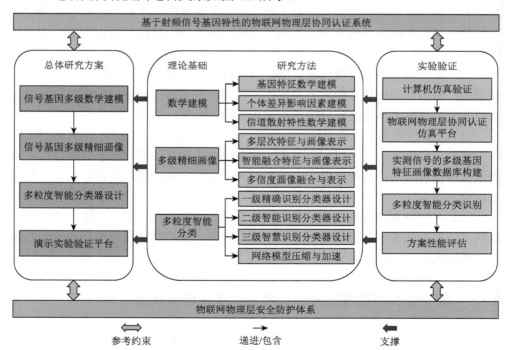

图 8.5　本章研究内容及其逻辑关系

本章立足于自主创新，紧跟国际前沿，建立基于射频基因特性的物联网物理层认证方法体系，突破相关核心关键技术，构建一套有理论支撑、数据验证、工程实现的完整体系架构，对推动泛在电力物联网及其他工业物联网物理层安全认证体系的发展具有重要的理论价值与实际意义。

8.3　基于射频信号基因特性的物联网物理层认证方法亟待解决的关键问题

射频基因是无线通信设备的物理层本质特征，很难被篡改，就像不同的个体有不同的基因，不同的无线设备也拥有不同的射频基因，可用于物联网无线设备的身份识别和接入认证。但是，在模式识别领域，辐射源个体识别本身是一个开放性很大、具有很大挑战性的课题，其基础理论和方法还存在许多问题有待进一步研究。针对本章的研究背景，是否可以提取到射频信号具有鲁棒性的基因特征，构成物联网物理层设备有效的"基因图谱"，是本章面临的基本科学问题。从基本科学问题出发，本章拟解决的三个关键科学问题如下。

1. 基于多维泰勒网模型的射频信号基因的多级表示

射频信号基因特征从数学本质上来讲是多级非线性混合函数的集合，且多级特征之间没有明显的界限，如何根据各级特征之间的非线性程度，将信号内部的不确定性特征用多种级数项数学组合的形式表示出来，从数学本质上分析物联网设备射频基因的存在性问题，是本章实现对三级信号准确识别的理论基础，也是进一步提取射频信号多级基因特征需要解决的一个关键问题。

2. 多层次、多维度、多信度智能融合基因精细画像的构建

为了从多个粒度上把极其相似的物联网设备个体差异的基因特征有效地提取出来，多层次切片尺度的确定、多维度基因特征的选择以及智能融合中多信度权重系数赋予网络的设计，将直接影响特征提取的精确程度，如何确定以上参数，并实现数学建模中的高阶精细特征的有效提取，是构建多级精细画像数据库需要解决的一个关键问题，也是后续多粒度智能分类器设计需要解决的关键问题。

3. 深度学习模型的设计及优化

在构建有效的射频信号多级精细画像"基因图谱"的基础上，如何针对特征粒度的大小构建相应尺度的分类器是需要解决的一个关键问题。另外，深度学习

作为本章多粒度智能分类器构成的主要模块，设计有效的学习模型，并通过压缩和加速构建轻量级网络，实现深度学习在泛在电力物联网感知层边缘物联代理的嵌入式设备上的应用，是本章需要解决的最后一个关键问题。

8.4 基于射频信号基因特性的物联网物理层认证方法技术路线

本章将一种新理论、新方法应用于研究对象——物联网物理层身份认证技术中，将理论分析与仿真实验验证相结合，跨领域地应用一些新技术及新方法，并在此基础上进行一定程度的改进，针对泛在电力物联网及其他工业物联网物理层安全认证问题，开展基于射频信号基因特性的物联网物理层认证机制研究。通过搭建合理的仿真测试平台及实验演示平台，对实测数据进行验证，技术路线如图 8.6 所示。

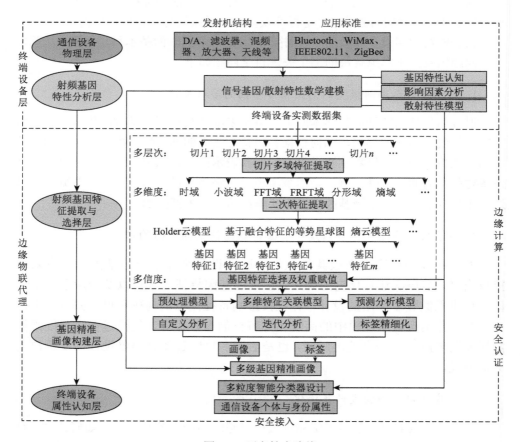

图 8.6 研究技术路线

8.4.1　基于射频信号基因认知的电磁波散射特性数学建模

电磁场是电磁波传输的物质基础。在对激励源处的电流进行调制,将需要传输的信息,即有意调制信息附加在信号上的同时,反映辐射源自身特性的无意调制信息也会被信号所携带。这些载有信息的电磁波从激励源出发后,在一步一步向外传播的过程中,不断受到传输介质的影响,虽然保留着激励源处电磁场的特征,但其特性在传播的过程中可能发生很大程度的改变,必须通过理论研究和技术处理才能将电磁波信号中的有意调制信息提取出来,对调制方式的识别已有大量研究可供借鉴。而对于其中的无意调制信息,受信号传输环境和辐射源个体特性的影响,可能存在一种能够反映辐射源固有的、本质的特征,作为辐射源的基因,类似于生物体基因的遗传原理,虽然历经沧海桑田,但通过基因这一部历史长书,按图索骥仍然能够找到最初的蛛丝马迹。

目前,针对射频信号特征提取的研究主要是从工程应用的角度出发,从辐射源设备的瞬态特性、稳态特性、噪声特性和谱特性等方面描述射频信号特征。但由于缺乏理论模型,很多描述是经验性的,在实际应用中受到了很大的限制。因此,构建本章所提出的射频信号基因特性的数学模型,从数学本质上分析物联网设备射频基因的存在性问题,深度揭示影响射频基因特性的因素(图 8.7),是本章需要解决的一个关键科学问题。

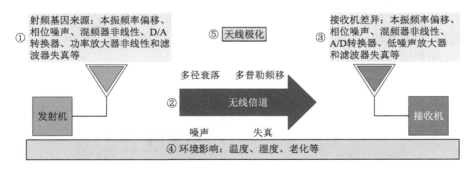

图 8.7　射频基因产生、传播和接收过程中的影响因素

类比电磁波信号与生物基因在物质性、信息性、可传递性等几个方面的差异,如图 8.8 所示。由类比结果可知,电磁波信号与生物基因存在着许多共同之处,既然生物基因可以代表不同的物种与个体,那么,辐射源电磁波信号也必然存在着可以代表电磁波基因特性的可识别特征,即本章所提出的电磁波基因的有效精细画像的构建,以期实现对极其相似的不同辐射源个体进行精细识别的目的。

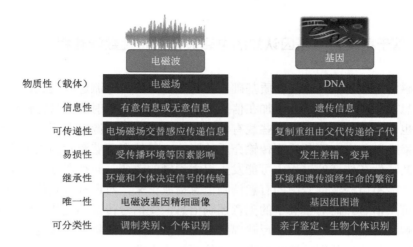

图 8.8　电磁波基因认知类比

　　生物基因中脱氧核苷酸排列顺序的不同，导致不同的基因具有不同的遗传信息，对应具有不同的基因图谱。相似地，信息之间的自然耦合，也会导致不同的射频信号携带不同的细微特征，对应可绘制不同的精细画像。类比生物基因的碱基，以时域信号波形的统计特征为例，计算信号的方差、偏度、峰度等，提取可以代表射频信号基因特性的鲁棒性特征，再通过设置阈值，给予不同的颜色和不同的特征值，最终得到 9 个不同发射电台的三维特征"基因图谱"，如图 8.9 所示。采用不同的信息耦合方式绘制信号的精细画像，对应的"基因图谱"也不相同，就如同三原色（RGB）通过不同的组合方式可以绘制丰富多彩的画面一样，利用射频信号的基础特征构建信号丰富多彩的精细画像，实现类似三原色 $1+1+1$ 远大于 3 的预期效果。

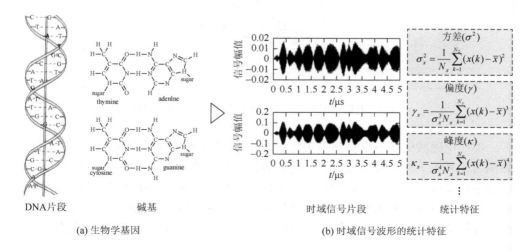

(a) 生物学基因　　　　　　　　　　　　(b) 时域信号波形的统计特征

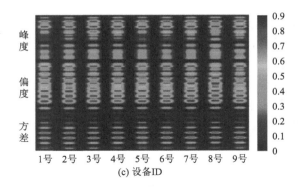

图 8.9　生物基因与时域信号波形的"基因图谱"类比图

cytosine 为胞嘧啶；guanine 为鸟嘌呤；thymine 为胸腺嘧啶；adenlne 为腺嘌呤；sugar 为糖

　　基于以上分析，本章利用精细画像技术，提取能够代表电磁波信号的基因特征，以期实现对同厂家、同型号、同批次设备的精细识别。而精细画像的绘制，并不是多维特征的简单组合，而是利用相应的手段智能融合出来的效果。就如同绘画，多种颜色需要专业的调配，一旦调配得不够，画面会显得"生""火气"。经验丰富的画家常常利用简单的几种颜色，通过自然的氧化，获得无与伦比的作品，取得优美雅致的效果。因此，绘制信号基因的精细画像，基础特征的选择及特征之间的耦合方式至关重要。

　　假设待识别信号为 $s(t)$，基因精细画像特征函数为 $f(s(t))$，将其表示为若干不同粒度特征函数的融合，如式（8.1）所示：

$$f(s(t)) = f(a_0 f_0(s(t)) \oplus a_1 f_1(s(t)) \oplus \cdots \oplus a_i f_i(s(t)) \oplus \cdots \oplus a_i f_i(s(t))) \quad （8.1）$$

式中，$f_i(s(t))$ 代表不同粒度的射频信号特征；$f_0(s(t))$ 代表粗特征，用于区分差别较大的两个信号；$f_i(s(t))$ 为最精细特征，用于区别相似度极高的两个信号。信号的相似度越高，能够代表信号特征的函数对应的 i 值越大，对应识别的精度越高，进而实现多尺度的信号特征提取。不同特征函数之间的耦合关系，由不同射频信号的个体特性决定，进而决定了精细画像的表现形式。a_i 为对应特征的权重系数，表示对信号特征的重要程度进行选择，是多特征融合的一种简易表示。

　　基于多维泰勒网能够将复杂非线性函数用级数项数学组合形式进行替代的特点，拟利用该方法构建射频信号基因精细画像的数学模型如下：

$$f(x(t)) = \sum_{j=1}^{N(n,m)} \omega_j(t) \prod_{i=1}^{n} x_i^{\lambda_{i,j}}(t) \quad （8.2）$$

式中，$x(t)$ 为待分类射频信号；$f(x(t))$ 为多维泰勒网模型所描述的信号 $x(t)$ 的精细画像特征函数；ω_j 表示第 j 个变量乘积项之前的权值；$N(n, m)$ 表示该展开式的总项数；$\lambda_{i,j}$ 表示第 j 个变量乘积项中变量 x_i 的幂次。因此只要 $N(n, m)$ 足够大，多维泰勒网模型就可以逼近任意函数，这就实现了对任意设备基因特征的准确描述，变量的幂级数越高，描述的信号基因特征越精细，进而可实现对射频信号基因特性的准确建模。

在分析射频信号个体特征精细画像"基因图谱"的基础上，充分考虑各个环节和因素的"合力"影响，分析影响电磁波信号的因素并构建有效的数学模型，是识别个体设备的关键。通信设备传递的是"0"和"1"的二进制数据源序列，因此本章首先需要将二进制序列映射为高阶或者复杂调制的电磁波发射信号。假设第 m 个发送符号定义为 $x_m = x_m^{\mathrm{I}} + \mathrm{j} x_m^{\mathrm{Q}}$，其中，$x_m^{\mathrm{I}}$ 和 x_m^{Q} 分别为同相和正交成分。理想情况下，在确定通信速率和调制样式的条件下，每个通信数据包中数字符号的波形持续时间应该是一个常数，可以定义为 T_{symbol}。但是，由于时钟电路的缺陷，每个数字符号的波形持续时间是变化的，定义第 m 个数字符号时钟电路的时间间隔误差为 σ_{TIE}^m，则真实的符号持续时间可以定义为 $T_m = T_{\mathrm{symbol}} + \sigma_{\mathrm{TIE}}^m$，而 σ_{TIE}^m 是第一个影响电磁波基因的因素。

经过数字正交调制后，需要经过一个数字成型滤波器 $h_s(t, T_m)$，那么该滤波器的输出为 $b_{\mathrm{mod}}(x_m, h_s(t, T_m))$，这里 $b_{\mathrm{mod}}(\cdot)$ 定义为特定的调制样式，调制样式和数字成型滤波器是第二个影响电磁波基因的因素。例如，在 IEEE 802.15.4 标准中，数字调制样式为 O-QPSK，数字成型滤波器为半正弦数字成型滤波器。

经过数字部分处理过的信号，将经过 DAC 电路，假设 DAC 的转换时间为 T_g，则 DAC 输入端的基带数字信号可以重新表示为

$$u[n] = A \sum_m b_{\mathrm{mod}}(x_m, h_s(nT_g - mT_m, T_m)) \tag{8.3}$$

理想情况下，DAC 将基带信号转换成模拟信号 $u(t)$，但是，实际上由于存在量化误差 Δn 和非线性积分效应 Δ_{INL}，实际输出模拟基带信号 $y_u(t)$ 为

$$y_u(t) = \sum_{n=-\infty}^{\infty} (u(n) + \Delta n) g\left(\frac{t - nT_g}{T_g}\right) + \Delta_{\mathrm{INL}}$$

$$g(\theta) = \begin{cases} 1, & 0 \leqslant \theta \leqslant 1 \\ 0, & \text{其他} \end{cases} \tag{8.4}$$

式中，Δn 和 Δ_{INL} 是第三个影响电磁波基因的因素。

DAC 输出模拟基带信号 $y_u(t)$ 将通过混频器进行上变频处理，ω_c 为载频，由发射机的本地振荡器产生。由于本地振荡器的缺陷，混频器输出的频率产生偏移，定义偏移量为 ξ，则混频器输出的实际信号 $z(t)$ 为

$$z(t) = \frac{1}{2}(\mathrm{Re}(y_u(t)) \cdot \mathrm{e}^{\mathrm{j}\xi/2} + \mathrm{Im}(y_u(t)) \cdot \mathrm{e}^{\mathrm{j}\xi/2}) \cdot \mathrm{e}^{\mathrm{j}\omega_c t}$$

$$+ \frac{1}{2}(\mathrm{Re}(y_u(t)) \cdot \mathrm{e}^{\mathrm{j}\xi/2} - \mathrm{Im}(y_u(t)) \cdot \mathrm{e}^{\mathrm{j}\xi/2}) \cdot \mathrm{e}^{-\mathrm{j}\omega_c t} \tag{8.5}$$

式中，ξ 是第四个影响电磁波基因的因素。

混频器的输出信号 $z(t)$ 要经过射频放大器和滤波器获得足够的能量将信号转变成射频信号辐射出去，因此射频放大器的非线性特性是很重要的通信设备射频指纹产生因素，定义 $h_{\mathrm{PA}}(\cdot, \tilde{a}_{tx})$ 为射频放大器的非线性函数，$\tilde{a}_{tx}$ 为幂级数，$H_{\mathrm{BP}}(f)$ 为带通滤波器的滤波器函数，则射频放大器输出为

$$w(t) = h_{\mathrm{PA}}(z(t), \tilde{a}_{tx}) \otimes h_{\mathrm{BP}}(t), \quad H_{\mathrm{BP}}(f) = \begin{cases} 1, & |f| \leqslant W_C \\ 0, & |f| > W_C \end{cases} \tag{8.6}$$

式中，$\tilde{a}_{tx}$ 和带通滤波器是第五个影响电磁波基因的因素。

射频放大器的输入信号将由天线转换成电磁波信号辐射出去，假设 ρ_h 和 ρ_v 分别为射频天线水平和垂直极化的单位方向向量，F_{tx}^h 和 F_{tx}^v 分别是天线的水平和垂直极化的映射函数，ϕ_{tx}^h 和 ϕ_{tx}^v 分别是天线的水平和垂直极化的极化相位，则天线辐射的电磁波信号为

$$A_{tx}(t) = F_{tx}^h(w(t)) \cdot e^{-j\phi_{tx}^h} \cdot \rho_h + F_{tx}^v(w(t)) \cdot e^{-j\phi_{tx}^v} \cdot \rho_v \tag{8.7}$$

式中，天线是第六个影响电磁波基因的因素。

综上所述，电磁波基因是多种因素合力作用的结果，因此，将射频信号用以下抽象数学模型表示：

$$S(t) = f\{h_s(t), b_{\mathrm{mod}}(t), y_u(t), h_{\mathrm{PA}}(t), H_{\mathrm{BP}}(f), \sigma_{\mathrm{TIE}}^m, \Delta n, \Delta_{\mathrm{INL}}, \xi, \tilde{a}_{tx}, F_{tx}^h, \cdots\} \tag{8.8}$$

本章拟从物联网设备发射机的硬件结构入手，构建电磁波信号的通用数学模型，分析数字信号处理方法、调制样式、调制参数、硬件电路元器件及其"容差"，以及信道环境等因素对电磁波信号的影响，深刻揭示电磁波信号基因特征的产生和影响因素，构建相应的数学模型和评价标准。以分形理论来构建射频信号基因数学模型为例[1,2]，分形理论的自相似性概念最初是指形态或结构的相似性。也就是说，在形态或结构上具有自相似性的几何对象称为分形。而后随着研究工作的深入发展和研究领域的拓宽，又由于系统论、信息论、控制论、耗散结构理论和协同论等一批新学科相继影响，自相似性概念得到充实与扩充，人们把形态结构、功能和时间上的相似性都包含在自相似性概念之中，即所谓的广义分形概念。利用数学方法，可以对射频信号在时间尺度上的自相似性进行证明，从而推导和证明射频信号是否具有分形特征。从本质上揭示射频基因的存在性问题及其数学模型，可以为进一步寻找及提取物联网设备具有唯一性的基因特征提供理论依据。

8.4.2　多层次、多维度、多信度的射频基因精细画像的建立

本节在对射频信号基因的存在性、基因精细画像数学建模分析的基础上，重

点研究精细画像的构建过程。首先选择合适的切片尺度，对信号进行多层次切片，再利用不同变换域，对信号进行多维度特征提取，最后设置阈值对提取到的特征进行选择，通过多信度权重的赋值，最终构建多层次、多维度、多信度的射频信号基因精细画像，具体实施路线主要包括以下几个方面。

首先，根据待识别射频信号的分布特性，将信号划分为多维切片（如将一个信号样本切成一个暂态信号片段与若干稳态信号片段，如图8.10所示），再对每一个切片进行特征的刻画，更为精细地描述信号特征。切片的尺度越小，信号特征刻画得越精细，复杂度也越高，因此需要结合应用实时性的要求，选择合适的切片尺度。

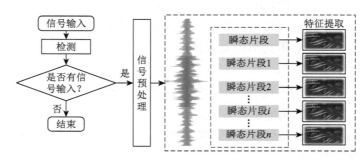

图 8.10　信号多维切片过程中对尺度的有效把握——多层次的确定问题

其次，由于辐射源的个体特征信息附加于原始信号上，很难直接对个体特征进行提取，本章从波形域与调制域出发将信号变换到不同的变换域上，提取不同变换域上的多域细微特征。具体从多尺度时频分析与信号局部尺寸行为精细描述角度出发，开展基于切片多域变换的多维特征提取，如针对具有一级信号特征的设备，采用基于改进分形的多重分形特征提取方法；针对具有二级信号特征的设备，采用基于云模型的二次特征提取方法；针对具有三级信号特征的设备，采用基于特征融合的统计图域的特征提取方法等，针对不同级别的信号，采取相应复杂度的算法，在保证特征提取效率的基础上，以期提取辐射源个体具有鲁棒性的基因特征。

针对一级信号特征，可采用复杂度较低的一次特征提取算法，以基于改进分形的多重分形特征提取方法为例。利用多重分形维数的数学特性建立一种适合更多调制方式以及在变化低信噪比环境中仍能保持一定稳定度的特征提取模型，其需要根据信号的复杂程度及信噪比的高低情况，确定多重分形维数特征提取中相空间重构的维数，若重构空间维数较少，则影响识别的准确性，重构空间维数较多，又增加了算法的复杂度，如何设计一种自适应算法权衡两者之间的关系是基于改进分形的多重分形特征提取需要解决的关键问题。相似地，本章需采用多种传统特征提取算法来识别具有一级信号特征的物联网终端设备，从不同角度来构建一级信号的精细画像特征。

　　针对二级信号特征，可利用多次特征提取，再进行智能融合，来提高特征提取的准确性。以基于云模型的二次特征提取方法为例，由于在变化的低信噪比环境下，提取到的信号特征往往不是一个固定的值，而是在一定的区间内波动变化，对这种区间波动特征点建立云模型，提取信号的云模型数字特征，通过对信号不稳定特征的分布描述，进行二次特征提取，更为精确地提取低信噪比下的信号分布特征。如何根据提取到的信号分布特征，建立有效的云模型来描述其模糊分布特性，是云模型基因特征提取需要解决的关键问题。相似地，本章将对多种模糊特征进行云模型二次特征提取，再利用神经网络对特征进行融合，更精细地构建具有二级信号特征的物联网终端设备精细画像。

　　在数字通信领域，星座图通常将数字信号表示在复平面上，可以看成数字信号的一个"二维眼图"阵列，由于星座图对应着信号的幅度与相位，阵列的形状可用于分析幅度失衡、正交误差、相关干扰、相位/幅度噪声、相位偏差、调制误差比等。在实际数据采集过程中，器件内部噪声会严重污染信号，使得采集的不同信号的星座图具有相同的阵列形状。在星座图中的不同区域具有不同的采样点密度，因此，加入采样点密度作为新的特征，便构成了调制域的等势星球图，针对三级信号特征，借鉴调制域的等势星球图算法，本章提出了基于特征融合的统计图域的概念，根据二维特征图点密度的不同，给予不同区域不同颜色的分配，将一维信号转化为二维彩色图像，更为全面地描述信号的细微特征。再利用深度学习对图像处理方面的优势来进行识别，可实现对具有三级信号的物联网终端设备的识别认证。

　　基于特征融合的统计图域方法为深度学习应用于信号处理领域提供了一种重要的数据转换接口，由于深度学习领域处理的数据形式主要为图像、序列和文字，而深度神经网络学习性能最好的模型是以卷积神经网络为代表的图像处理领域，基于特征融合的统计图域既能很好地反映信号的统计特征，又以彩色图像的数据形式出现，因此很多用于图像处理的深度神经网络模型均可使用基于特征融合的统计图域作为数据的输入，具有重要的理论研究意义。如何设定不同密度区间的阈值，实现精准的上色来突出不同信号的细微特征差别，是基于特征融合的统计图域基因特征提取需要解决的关键问题。

　　在提取辐射源多维基因特征的基础上，对射频信号基因特征进行有效选择，并对不同基因特征的重要程度赋予相应的权重值，以进一步增加射频信号样本间技术差异的信息量，增强个体特征。不同的基因特征如何进行选择，选取怎样的特征评价函数，并赋予怎样的权重系数是需要解决的问题之一。

　　本章拟提出更为有效的特征融合方法，提取多种特征最具有代表性的信息，去除一些不必要或相似的信息，以获得不同特征之间的互补优势，类似于分数阶傅里叶变换可以将信号在时频平面上做任意角度的旋转突出信号的时频域显著特征，如何找到不同特征之间的某种关联，以最少的特征数量来最大化地突出每一个射频信号的特征，最终实现运算速度和实时性的提高，是本章需要重点研究的内容之一。

因此，对射频信号进行多层次切片度量、多维度特征提取、多信度权重赋值，最终构建物联网终端设备的射频基因精细画像，以期实现安全防护的"可视化、精准化、智能化"。此外，传统意义上，对于具有交叠特征的辐射源个体设备，模糊性的特征难以进行准确识别。一方面，在特征提取上，考虑利用云模型数字特征，将不同模糊特征的模糊特性进行准确描述，实现对信号不同分布模糊特征的转换。另一方面，在分类器的设计上，简单的识别算法，可以考虑利用区间灰色关联分类器，对模糊特征的分布区间进行刻画，实现对模糊特征的准确识别。相对复杂的识别算法，考虑应用深度学习在模糊特征智能分类方面的优势，对具有模糊性的特征进行识别，也是本章重点研究的内容，将在分类器设计部分作为重点介绍。也可考虑在电磁波信号中人为加入基因特征的可能，提高识别的精度，进一步增强物联网物理层安全认证的可靠性与有效性，也是本章深入研究的另一个方向。

8.4.3　多粒度智能分类器的物理层认证系统的构建

为了实现安全防护的"可视化、精准化、智能化"，需统一物联终端接入规范，重点突破先进感知、边缘智能等核心关键技术，并将轻量级的人工智能算法下沉，就地加速、实时计算。以泛在电力物联网为例，当智能业务终端在通过边缘物联代理接入电网公司互联网大区时，不强制要求物理层认证，在应用侧加强防护；当智能业务终端在通过边缘物联代理接入电网公司管理信息大区时，应采用本章的射频基因认知技术，如图 8.11 所示，与应用层密码机制结合，实现物理层认证，提高网络的安全性。

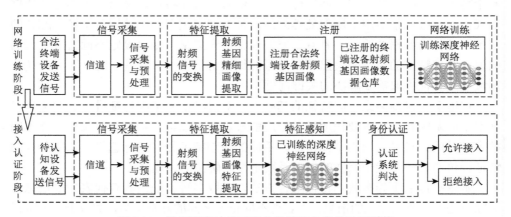

图 8.11　基于深度神经网络的终端设备身份认证系统

当已注册的终端设备基因画像数据集已经涵盖所有合法终端设备和非法终端设备的基因画像数据集时，可以通过监督学习策略，训练一个深度神经网络就可以解决模式识别分类问题。当已注册的终端设备基因画像数据集仅涵盖合法终端设备的基因画像数据集时，可采用半监督学习策略，例如，用已注册的合法终端设备的基因画像数据集训练一个变分自编码器，用训练后的变分自编码器计算待认证的终端设备射频基因画像的重建概率，当重建概率小于某个阈值时，则为异常，否则为正常。

为确保泛在电力物联网及其他工业物联网安全稳定的运行，针对物联网物理层安全认证问题，设计多粒度智能分类器。对于已知少量知识信息的具有一级信号特征的物联网物理层设备，将传统分类器作为分类系统的嵌入模块进行优化，尽可能地在简化算法复杂度的同时提高识别准确率，实现对不同设备的厂家等粗信息的精确识别。以图 8.12 所示识别框图为例，对物理层设备进行数据采集后，针对具有一级信号特征的待识别信号，通过复杂度较低的特征提取算法，将提取到的特征作为优化一级分类器的输入，实现对物理层设备的准确识别。

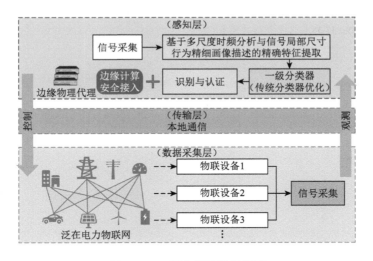

图 8.12　一级分类器识别框图

针对具有二级信号特征的设备，在对信号进行二级基因特征提取的基础上引入神经网络，对提取到的特征进行智能融合，建立相应的信号识别模型，对融合结果直接进行分类，对不同的物联网设备赋予更精细的标签，区别其型号、批次等，实现对二级信号的智能识别。

对具有三级信号特性的较难识别的设备，依据所构建的信号精细画像数据库，设计不同的深度学习策略，实现对相似度极高的物联网物理层设备的有效识别。

在基于深度学习的通信框架下，如何设计深度神经网络是首先要面对的问题。目前，许多应用于通信领域的深度学习模型都是基于通用模型设计的，还没有比较成熟的针对无线通信的深度学习模型。虽然计算机科学领域通用的模型可以应用于通信领域，但是在实际的通信工程项目中，建立适用于通信场景的通用模型不仅有利于优化通信系统，而且可以降低模型选择的成本。

此外，虽然深度学习在计算机视觉、自然语言处理等领域均取得了远超传统算法的效果，但是目前的深度神经网络的参数过多，且计算量极大。这些都极大地限制了深度学习在泛在电力物联网感知层边缘物联代理的嵌入式设备上的应用。由于深度学习模型的参数存在着巨大的冗余，可以对深度学习模型进行压缩和加速，进而构建轻量级网络，这也是未来相关技术发展的必然趋势。

参 考 文 献

[1]　Li J C，Ying Y L，Ji C L. Study on radio frequency signal gene characteristics from the perspective of fractal theory[J]. IEEE Access，2019，（7）：124268-124282.

[2]　Li J C，Ying Y L，Lin Y. Verification and recognition of fractal characteristics of communication modulation signals[C]. 2019 IEEE 2nd International Conference on Electronic Information and Communication Technology，Harbin，2019：17-38.

第9章　基于等势星球图的通信辐射源个体识别方法

根据射频指纹特征提取方法的不同，射频指纹识别方法可以分为基于波形域的指纹识别方法和基于调制域的指纹识别方法。电磁信号受发射机载频偏移、功率放大器非线性、正交调制器不平衡和直流偏移等因素的影响，其差异性直接表现在信号的调制域上，这为在调制域构建发射机的射频指纹识别提供了可能。目前，正交调制在通信信号中得到了广泛的应用，涉及的调制域特征有载频偏移、调制偏移、I/Q 偏移、星座轨迹图、差分星座轨迹图等特征及其组合。调制域方法以 I/Q 信号样本为基本处理单元，利用调制方案强制赋予的信号结构，使信号发射机的特定属性更加容易识别。深度学习方法给射频指纹识别提供了新的思路和技术，相较于传统机器学习方法，其在系统异构信息的利用以及海量数据的处理方面具备明显的优势。然而目前基于深度学习的指纹识别技术主要直接利用基带数据作为训练数据，试图让算法自己去寻找指纹特征，取得了一定的效果，但由于其"黑箱"的特点，最好与特征工程的方法相结合来研究，以增强深度学习模型的可解释性，提高射频指纹识别机理方面的认识。

本章将物联网终端设备发射的电磁波信号所携带的固有的、本质的无意调制信息作为设备的可识别指纹特征。通过差分等势星球图[1, 2]的有效特征提取方法，构建设备指纹特征的精细画像数据库，将一维射频信号特征集转化为二维图像数据集。并采用深度卷积神经网络对提取的射频指纹精细画像进行识别，可实现物联网物理层终端设备的可靠识别与认证。本章的主要研究内容如下。

（1）提出一种基于差分等势星球图的射频指纹提取方法，该方法利用稳态信号的传输数据段来提取发射机射频指纹的精细画像。

（2）通过差分等势星球图，提出了基于深度卷积神经网络的射频指纹识别方案。

（3）基于同厂家、同型号、同批次的 20 台 WiFi 网卡设备的实测信号，对本章所提出方法的有效性和可靠性进行测试。

（4）与等势星球图相比，差分等势星球图作为射频指纹具有更好的鲁棒性。即使不估计和补偿接收机的载频偏差和相位偏差，也可以获得通信辐射源（发射机）的可靠射频指纹。

9.1 基于传统调制信号统计图域的射频指纹识别方法

基于波形域的指纹识别技术使用来自时域的信号样本作为基本处理块，以复杂性为代价，提供最大的灵活性。波形域方法利用待识别信号的时域波形提取特征，将波形的分形维数、瞬态信号持续时间等直接作为指纹特征，也可以对待识别信号进行各种域变换处理后再提取特征，如傅里叶变换、小波变换、希尔伯特-黄变换、双谱变换、固有时间尺度分解、同步挤压小波变换、改进的分形盒维数等方法。变换域方法试图将时域信号变换到其他域上来最大化个体差异，但变换域方法提取的特征会随传输数据的变化而变化。为了避免特征提取方法受待识别信号传输数据的影响，基于稳态信号的射频指纹提取方法大都利用信号中重复出现的前导序列作为待识别信号。

电磁信号因为发射机缺陷而受到影响，这些对信号产生损伤的因素有载频偏移、功率放大器非线性、正交调制器不平衡和直流偏移等因素，这些发射机的缺陷对信号产生的影响也会表现在信号的调制域上，这为在调制域构建发射机的射频指纹提供了可能。正交调制的方式在目前通信信号中得到广泛应用，几乎所有的数字通信都会采用，目前利用的调制域特征有载频偏移、调制偏移、I/Q 偏移、星座轨迹图、差分星座轨迹图等特征及其组合。调制域方法以 I/Q 信号样本为基本处理单元，利用了调制方案强制赋予的信号结构，这使得识别信号发射机的特定属性更加容易。而且有些调制方案利用本设计来保护数据不受信道等不良因素的影响，在调制域中的符号对于使原始波形失真的噪声等因素的影响更小，不需要高过采样率的设备，对于接收设备的要求也更低，使用低成本的接收机就能完成特征提取。

星座图是把调制信号在特定基向量投影下的端点在以 I 路为横坐标、Q 路为纵坐标的二维坐标上画出来得到的矢量图，每个向量端点（也称为符号点）可以表达信号在某一时刻相对载波的幅度、相位两种基本信息，其在两坐标轴的投影即为当前时刻的两路基带信号。数字调制信号的符号点数量是有限的，将所有符号点都表示在同一矢量图中，即构成星座图，如图 9.1 所示。

图 9.1 显示了在 I/Q 复平面中对应于 2PSK、QPSK 和 OQPSK 的理想星座图。可以看出，不同的调制波形在 I/Q 复平面中呈现出不同的转换模式。例如，$(1, 0)$ 和 $(-1, 0)$ 之间的转换是 2PSK 所独有的，它不会出现在 QPSK 中，QPSK 具有明显不同的星座图。因此，星座图可以构成射频基带信号的独特特征，最终可以由卷积神经网络的卷积核学习。

在 2016 年，彭林宁等[3]首先提出了一种基于调制信号统计图域的深度学习识别方法。该方法指出了电磁信号的统计特征，如幅度失衡、正交误差、相关干扰、相位和幅度噪声、相位偏差等，可以通过星座图来表征，如图 9.2 所示。

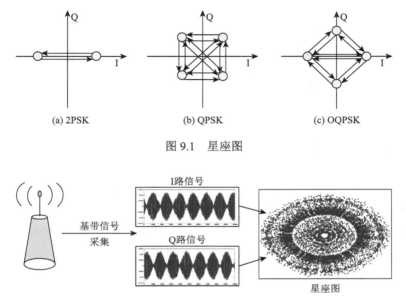

| (a) 2PSK | (b) QPSK | (c) OQPSK |

图 9.1　星座图

图 9.2　基于星座图的统计图域方法

通信辐射源个体的射频基带信号（I/Q 两路信号）数学本质上为复数信号，即每个信号点都是复平面上的一个包含幅值信息与相位信息的符号。通过深度卷积神经网络对星座图进行学习训练，可以有效地学习到每一段射频基带信号（I/Q 两路信号）中包含原有发射机（通信辐射源个体）物理层本质特征的射频指纹，因此可以实现通信辐射源的个体识别。

9.2　基于等势星球图的射频指纹识别方法

9.2.1　算法实现基本步骤

星座图是把调制信号在特定基向量投影下的端点在以 I/Q 为横纵轴的二维坐标上画出来得到的矢量图，每个向量端点（也称为符号点）可以表达信号在某一时刻相对载波的幅度、相位两种基本信息，其在两坐标轴的投影即为当前时刻的两路基带信号。但是，星座图为二值图，在低信噪比下，统计特征容易被噪声淹没。等势星球图通过点密度特征可以恢复一定低信噪比下的星座图丢失，如图 9.3 所示。

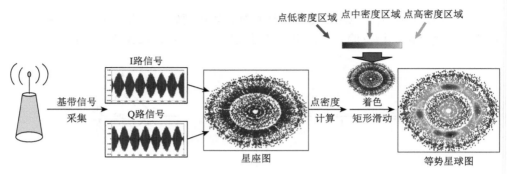

图 9.3　基于等势星球图的统计图域方法

如图 9.3 所示，根据二维星座图点密度不同，给予不同区域不同颜色的分配，将一维信号转化为二维彩色图像，可以更为全面地描述信号的细微特征。再利用深度学习在图像处理方面的优势来进行识别，可实现对通信辐射源的调制识别、个体识别，以及物联网物理层认证等。

以识别同厂家、同型号、同批次的 20 台 WiFi 网卡设备为例，如图 9.4 所示为采集的某一台 WiFi 网卡设备的基带 I/Q 两路信号。

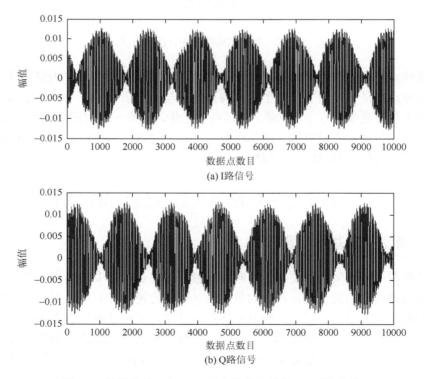

图 9.4　采集的某一个 WiFi 网卡设备的基带 I/Q 两路信号

对采集的 WiFi 网卡设备的基带 I/Q 两路信号进行等势星球图特征提取,如图 9.5 所示。

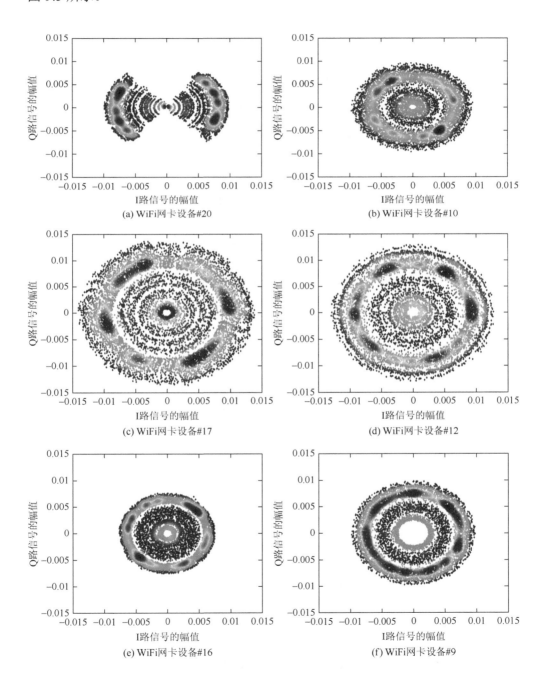

(a) WiFi网卡设备#20

(b) WiFi网卡设备#10

(c) WiFi网卡设备#17

(d) WiFi网卡设备#12

(e) WiFi网卡设备#16

(f) WiFi网卡设备#9

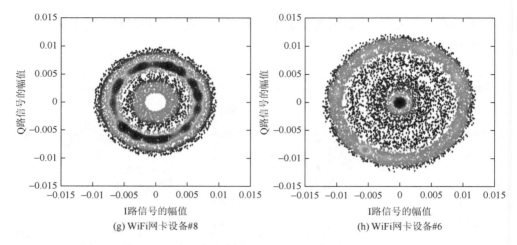

(g) WiFi网卡设备#8　　　　　　　　　　(h) WiFi网卡设备#6

图9.5　某 WiFi 网卡设备的样本信号从星座图转化为等势星球图示例

等势星球图通过点密度特征可以恢复一定低信噪比下星座图丢失的统计特征，可以更为全面地描述信号的细微特征。再使用深度卷积神经网络来识别提取的射频指纹精细画像，从而实现对物联网物理层终端设备的可靠识别和认证，如图9.6 所示。

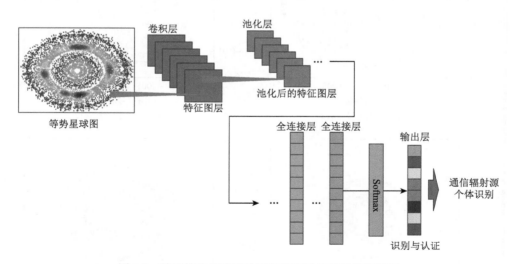

图9.6　基于等势星球图的深度卷积神经网络识别模型

9.2.2　实验结果与分析

常见的无线网络信号有 CDMA、WiFi、GSM、WiMax、RFID、Bluetooth、

WCDMA、LTE、ZigBee、Z-Wave 等。由于易于部署，WiFi 已成为连接局域网（LAN）和物联网（IoT）中的各种无线设备的普遍通信介质。此外，为了准确地识别和认证物联对象，阻止用户身份假冒和设备克隆等问题的发生，以识别同厂家、同型号、同批次的 20 台 WiFi 网卡设备为例，测试过程如下。

基带信号采集设备为 FSW26 型频谱分析仪，采集环境为实验室室内场景。共采集 20 台 WiFi 网卡设备，每台设备采集 50 个样本；信号采样频率为 80MHz，每次采集 1.75ms，即每样本点个数为 140000（以单路为例），如图 9.7 所示。

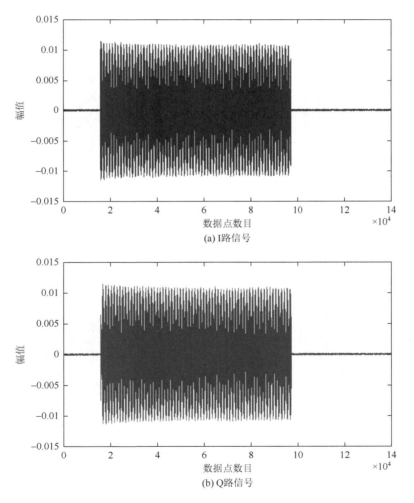

图 9.7　采集的某一个 WiFi 网卡设备的基带 I/Q 两路信号

其中通过方差轨迹变点检测算法除去信号噪声段的有效数据传输段点数为

80000（均为稳态信号），再对有效数据传输段进行切片（以点数 10000 为新样本）处理，则每个样本切出了 8 个有效数据传输段片段，再以每个片段为一个样本，则每个设备变为共有 50×8 = 400 个样本。此时，总共有 20×400 = 8000 个样本（生成等势星球图后，随机选择 6400 个样本生成用于深度卷积神经网络的训练，剩余的 1600 个样本进行识别测试，其中对于每个无线设备，训练样本个数为 320，测试样本个数为 80）。

某 WiFi 网卡设备的样本信号如图 9.8 所示，横坐标表示数据点数目，纵坐标表示幅值（无量纲）。

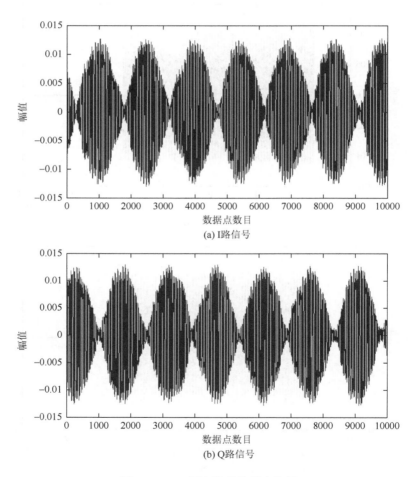

图 9.8　WiFi 网卡设备的样本信号

所设计的深度卷积神经网络结构如表 9.1 所示。

表 9.1　深度卷积神经网络结构

网络层	参数结构
输入层	$227 \times 227 \times 3$
卷积层 1	$55 \times 55 \times 96$
池化层 1	$27 \times 27 \times 96$
标准化层 1	$27 \times 27 \times 96$
卷积层 2	$27 \times 27 \times 256$
池化层 2	$13 \times 13 \times 256$
标准化层 2	$13 \times 13 \times 256$
卷积层 3	$13 \times 13 \times 384$
卷积层 4	$13 \times 13 \times 384$
卷积层 5	$13 \times 13 \times 256$
池化层 3	$6 \times 6 \times 256$
标准化层 3	$6 \times 6 \times 256$
全连接层 1	9216
全连接层 2	4096
全连接层 3	4096
输出层	20

　　某 WiFi 网卡设备的样本信号转化为等势星球图的示例如图 9.9 所示。

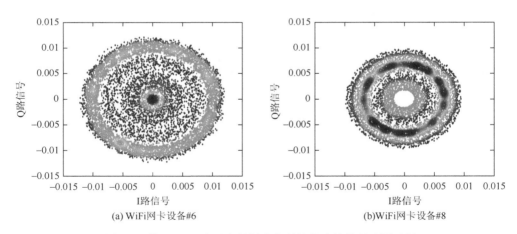

(a) WiFi网卡设备#6　　　　　　　　　(b)WiFi网卡设备#8

图 9.9　某 WiFi 网卡设备的样本信号转化为等势星球图示例

　　作为识别性能对比，这里采用基于差分星座轨迹图特征的通信辐射源个体识别方法[2]，某 WiFi 网卡设备的样本信号转化为差分星座轨迹图的示例如图 9.10 所示。

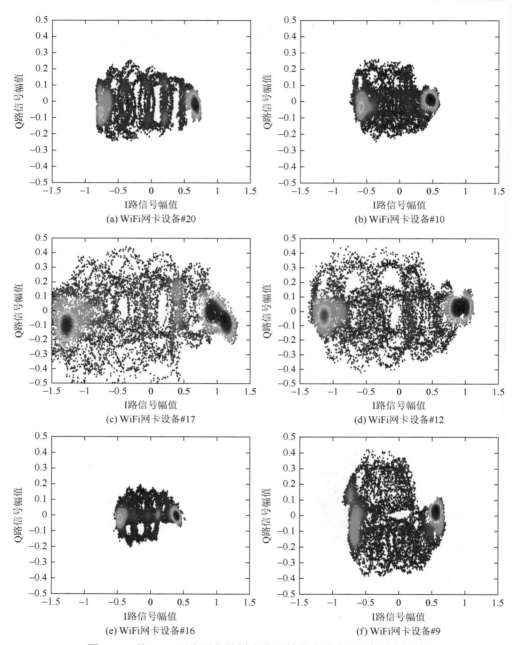

图 9.10　某 WiFi 网卡设备的样本信号转化为差分星座轨迹图示例

　　最后经过深度卷积神经网络的识别认证，分别得到基于等势星球图特征的通信辐射源个体识别结果和基于差分星座轨迹图特征的通信辐射源个体识别结果，测试结果如图 9.11 和图 9.12 所示。

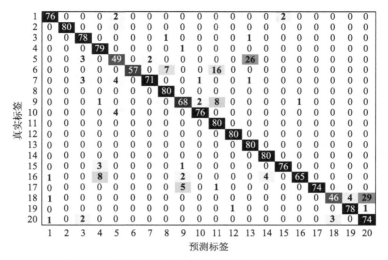

图 9.11　基于等势星球图特征的测试结果混淆矩阵

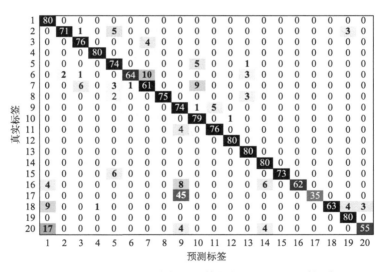

图 9.12　基于差分星座轨迹图特征的测试结果混淆矩阵

　　如图 9.11 所示，基于等势星球图特征，来自 20 台 WiFi 网卡设备的 1600 个测试样本的整体识别准确率为 90.4%。一共有 6 个 WiFi 网卡设备被完全正确识别。其中识别准确率低于 87.5% 的 WiFi 网卡设备有 5 个，分别是设备#5、设备#6、设备#9、设备#16 和设备#18，其中设备#18 的识别准确率最低，只有 57.5%。由图 9.11 和图 9.12 可以看出，基于差分星座轨迹图特征的通信辐射源个体识别准确率为 88.6%，而基于等势星球图特征的通信辐射源个体识别准确率为 90.4%，说明在使用相同的深度卷积神经网络模型架构下，相较于传统的基于星座图的统计图域方法，本节所提出的方法在计算效率不降低的前提下（采用 4.0GHz 双处理器的笔记本电脑时，深度卷积神经网络模型每次识别的平均计算耗时不超过 20ms），可以在一定程度上提高识别准确率。

9.3　基于差分等势星球图的射频指纹识别方法

9.3.1　算法实现基本步骤

假设通信辐射源个体发射的射频信号
$$s(t) = x(t)\mathrm{e}^{-\mathrm{j}2\pi f_t t}$$
式中，t 为采样点位置；$x(t)$ 为发射机基带信号；f_t 为发射机载波频率。若通信辐射源个体的射频电路是理想的，信道也是理想的，则接收机接收到的信号为 $r(t) = s(t)$。

接收机将信号进行下变频得到基带信号
$$y(t) = r(t)\mathrm{e}^{\mathrm{j}(2\pi f_r t + \varphi)}$$
式中，f_r 为接收机载波频率；φ 为接收机接收信号时的相位偏差。

当 $f_r \neq f_t$ 时，接收机下变频得到的基带信号即为
$$y(t) = x(t)\mathrm{e}^{\mathrm{j}(2\pi \theta t + \varphi)}$$
式中，$\theta = f_r - f_t$。由于解调的信号含有残余的频率偏差 θ，导致基带信号的每一个采样点都有一个相位旋转因子 $\mathrm{e}^{\mathrm{j}2\pi\theta t}$。由于该相位旋转因子随着采样点位置 t 的不同而变化，因此会造成星座轨迹图整体旋转，如图 9.13 所示。

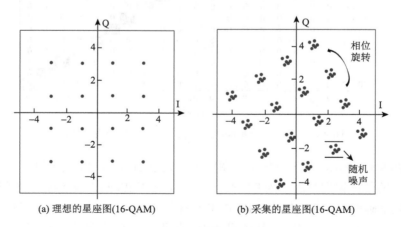

(a) 理想的星座图(16-QAM)　　　　　　　(b) 采集的星座图(16-QAM)

图 9.13　星座图

在大部分相干解调的通信系统中，将频率偏差及相位偏差进行估计可以得到估计的频率偏差 $\tilde{\theta}$ 和相位偏差 $\tilde{\varphi}$。接收机利用估计的结果对接收的信号进行频率

偏差和相位偏差补偿，从而获得稳定的星座图。在基于星座图的射频指纹提取方法中，接收机的目的不是准确地解调出每一个接收的信号调制符号，因此可以将接收的信号按照一定的间隔 n 进行差分处理后得到较稳定的星座图。差分处理的方法为

$$
\begin{aligned}
d(t) &= y(t)y^*(t+n) = x(t)\mathrm{e}^{\mathrm{j}(2\pi\theta t+\varphi)}x(t+n)\mathrm{e}^{-\mathrm{j}(2\pi\theta(t+n)+\varphi)} \\
&= x(t)x(t+n)\mathrm{e}^{-\mathrm{j}2\pi\theta n}
\end{aligned}
\tag{9.1}
$$

式中，$d(t)$ 为差分处理后的信号；y^* 为 y 的共轭值；n 为 1。差分处理后的信号 $d(t)$ 虽然还含有一个相位旋转因子 $\mathrm{e}^{-\mathrm{j}2\pi\theta n}$，但是该相位旋转因子是一个恒定的数值，不会随着采样点位置的变化而改变，因此差分处理后的新的 I/Q 两路信号仅包含一个恒定数值的相位旋转因子，在不对接收机的载波频率偏差和相位偏差进行估计和补偿的情况下，也可以获取较稳定的星座图，如图 9.14 所示。

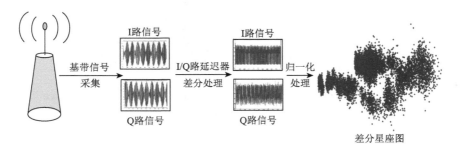

图 9.14　经过差分处理后的可视化差分星座图

根据二维差分星座图点密度的不同，给予不同区域不同颜色的分配，将一维信号转化为二维彩色图像，更为全面地描述信号的细微特征，如图 9.15 所示。

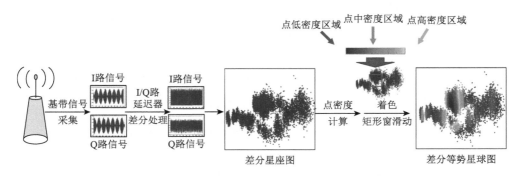

图 9.15　差分星座图转换为差分等势星球图

将通过基带信号采集得到的复信号（I/Q 两路）经过差分处理后，转换成差分星座图，将密度窗函数在图片上滑动，密度窗函数将计算窗中有多少个点。不同的计算结果意味着不同的密度，将使用不同的颜色标记不同的密度。浅灰色表示采样点相对高密度区域，灰色表示采样点数目相对中等的密度区域，黑色表示采样点低密度区域。

以识别同厂家、同型号、同批次的 20 台 WiFi 网卡设备为例，如图 9.16 所示为采集的某一台 WiFi 网卡设备的基带 I/Q 两路信号。

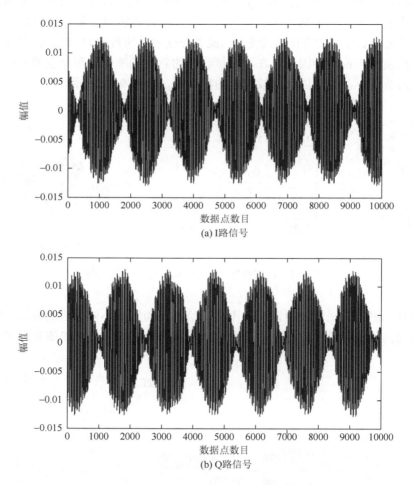

图 9.16　采集的某一台 WiFi 网卡设备的基带 I/Q 两路信号

某 WiFi 网卡设备的样本信号经过差分处理后形成新的 I/Q 两路信号如图 9.17 所示。

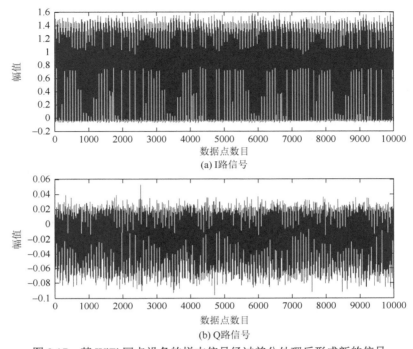

图 9.17　某 WiFi 网卡设备的样本信号经过差分处理后形成新的信号

对采集的 WiFi 网卡设备的基带 I/Q 两路信号进行差分等势星球图特征提取，如图 9.18 所示。

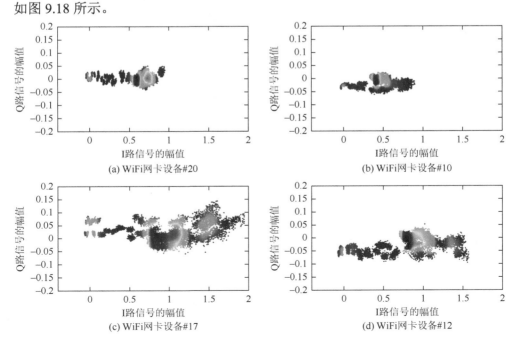

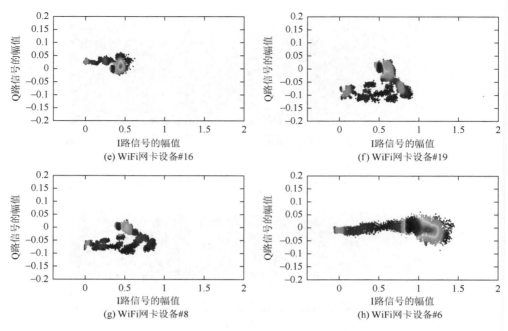

图 9.18　某 WiFi 网卡设备的样本信号转化为差分等势星球图示例

差分等势星球图通过点密度特征可以恢复一定低信噪比下星座图丢失的统计特征，更为全面地描述信号的细微特征。再使用深度卷积神经网络来识别提取的射频指纹的精细画像，从而可以实现对物联网物理层终端设备的可靠识别和认证，如图 9.19 所示。

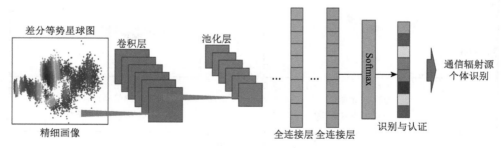

图 9.19　基于差分等势星球图的深度卷积神经网络识别模型

9.3.2　实验结果与分析

为了准确识别和认证物联对象、阻止用户身份假冒和设备克隆等问题的发生，以识别同厂家、同型号、同批次的 20 台 WiFi 网卡设备为例，测试过程如图 9.20 所示。

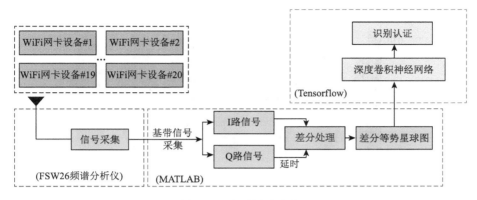

图 9.20　实验测试方案

基带信号采集设备为 FSW26 型频谱分析仪，采集环境为实验室室内场景。共采集 20 台 WiFi 网卡设备，每台设备采集 50 个样本；信号采样频率为 80MHz，每次采集 1.75ms，即每个样本点数为 140000（以单路为例），其中除去信号噪声段的有效数据传输段点数为 80000（均为稳态信号），再对有效数据传输段进行切片（以点数 10000 为新样本）处理，则每个样本切出了 8 个有效数据传输段片段，再以每个片段为一个样本，则每个设备变为共有 50×8 = 400 个样本。此时，总共有 20×400 = 8000 个样本（生成等势星球图后，随机选择 6400 个样本生成用于深度卷积神经网络的训练，剩余的 1600 个样本进行识别测试，其中对于每台无线设备，训练样本个数为 320，测试样本个数为 80）。

某 WiFi 网卡设备的样本信号如图 9.21 所示，其中横坐标表示数据点数目，纵坐标表示幅值（无量纲）。

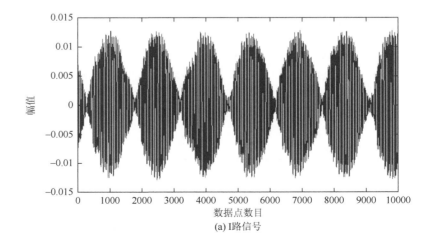

(a) I 路信号

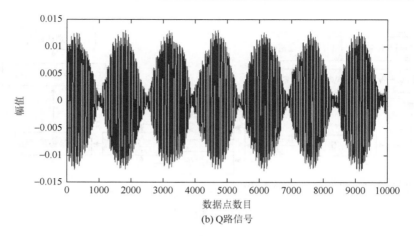

(b) Q 路信号

图 9.21　某 WiFi 网卡设备的样本信号

本章所设计的深度卷积神经网络结构如表 9.2 所示。

表 9.2　深度卷积神经网络结构

网络层	参数结构
输入层	227×227×3
卷积层 1	55×55×96
池化层 1	27×27×96
标准化层 1	27×27×96
卷积层 2	27×27×256
池化层 2	13×13×256
标准化层 2	13×13×256
卷积层 3	13×13×384
卷积层 4	13×13×384
卷积层 5	13×13×256
池化层 3	6×6×256
标准化层 3	6×6×256
全连接层 1	9216
全连接层 2	4096
全连接层 3	4096
输出层	20

某 WiFi 网卡设备的样本信号经过差分处理后形成新的 I/Q 两路信号如图 9.22 所示。

某 WiFi 网卡设备的样本信号转化为差分等势星球图的示例如图 9.23 所示。

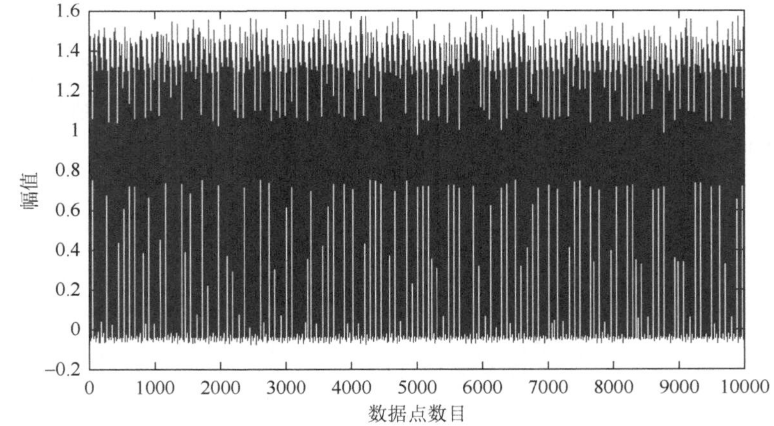

(a) I路信号

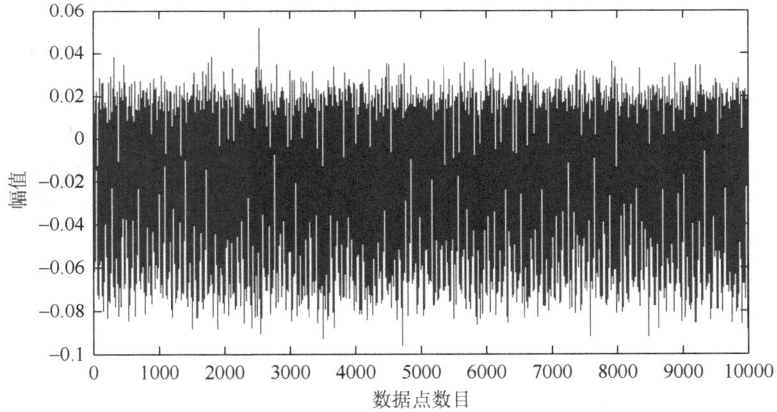

(b) Q路信号

图 9.22　某 WiFi 网卡设备的样本信号经过差分处理后形成新的信号

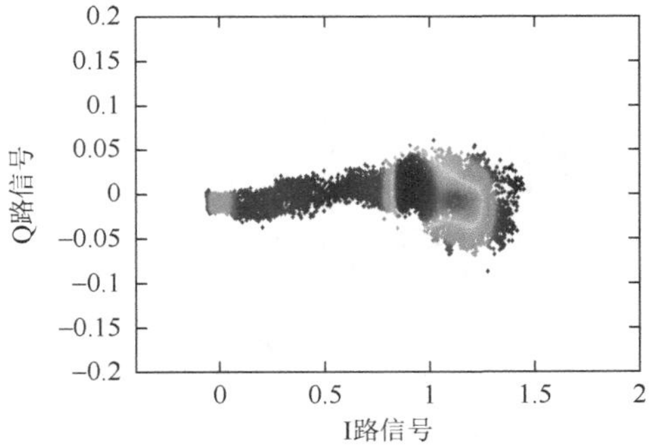

(a) WiFi网卡设备#6

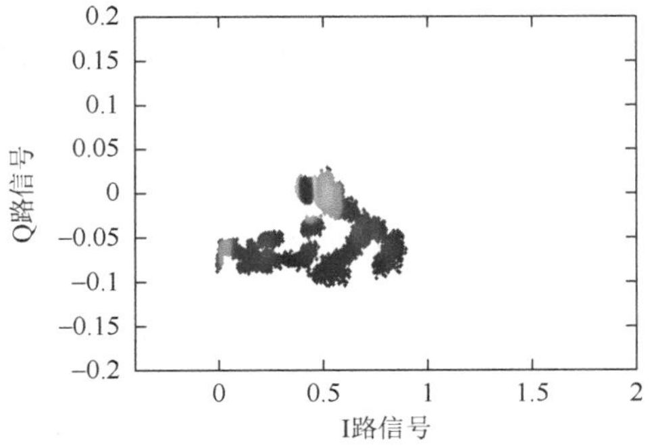

(b) WiFi网卡设备#8

图 9.23　某 WiFi 网卡设备的样本信号转化为差分等势星球图示例

横坐标起点处的数值为−0.4

　　最后经过深度卷积神经网络的识别认证，分别得到基于未经差分处理的等势星球图特征的通信辐射源个体识别结果、基于差分星座轨迹图特征的通信辐射源个体识别结果和基于本节所提方法的通信辐射源个体识别结果，测试结果如图 9.24 所示。

真实标签 / 预测标签 (a)：

真实\预测	1	2	3	4	5	6	7	8	9	10	11	12	13	14	15	16	17	18	19	20
1	76	0	0	0	2	0	0	0	0	0	0	0	0	0	2	0	0	0	0	0
2	0	80	0	0	0	0	0	0	0	0	0	0	0	0	0	0	0	0	0	0
3	0	0	78	0	0	0	0	1	0	0	0	1	0	0	0	0	0	0	0	0
4	0	0	0	79	0	0	0	0	1	0	0	0	0	0	0	0	0	0	0	0
5	0	0	3	0	49	0	2	0	0	0	0	0	26	0	0	0	0	0	0	0
6	0	0	0	0	0	57	0	7	0	0	16	0	0	0	0	0	0	0	0	0
7	0	0	3	0	4	0	71	0	0	1	0	0	1	0	0	0	0	0	0	0
8	0	0	0	0	0	0	0	80	0	0	0	0	0	0	0	0	0	0	0	0
9	0	0	0	1	0	0	0	0	68	2	8	0	0	0	0	1	0	0	0	0
10	0	0	0	0	4	0	0	0	0	76	0	0	0	0	0	0	0	0	0	0
11	0	0	0	0	0	0	0	0	0	0	80	0	0	0	0	0	0	0	0	0
12	0	0	0	0	0	0	0	0	0	0	0	80	0	0	0	0	0	0	0	0
13	0	0	0	0	0	0	0	0	0	0	0	0	80	0	0	0	0	0	0	0
14	0	0	0	0	0	0	0	0	0	0	0	0	0	80	0	0	0	0	0	0
15	0	0	0	3	0	0	0	0	1	0	0	0	0	0	76	0	0	0	0	0
16	1	0	0	8	0	0	0	0	2	0	0	0	0	4	0	65	0	0	0	0
17	0	0	0	0	0	0	0	0	5	0	1	0	0	0	0	0	74	0	0	0
18	1	0	0	0	0	0	0	0	0	0	0	0	0	0	0	0	0	46	4	29
19	0	0	0	0	0	0	0	0	0	0	0	0	0	0	0	0	0	0	78	1
20	1	0	2	0	0	0	0	0	0	0	0	0	0	0	0	0	0	3	0	74

(a) 基于未经差分处理的等势星球图特征

真实标签 / 预测标签 (b)：

真实\预测	1	2	3	4	5	6	7	8	9	10	11	12	13	14	15	16	17	18	19	20
1	80	0	0	0	0	0	0	0	0	0	0	0	0	0	0	0	0	0	0	0
2	0	71	1	0	5	0	0	0	0	0	0	0	0	0	0	0	0	0	3	0
3	0	0	76	0	0	0	0	4	0	0	0	0	0	0	0	0	0	0	0	0
4	0	0	0	80	0	0	0	0	0	0	0	0	0	0	0	0	0	0	0	0
5	0	0	0	0	74	0	0	0	0	5	0	0	1	0	0	0	0	0	0	0
6	0	2	1	0	0	64	10	0	0	0	0	0	3	0	0	0	0	0	0	0
7	0	0	6	0	3	1	61	0	0	9	0	0	0	0	0	0	0	0	0	0
8	0	0	0	2	0	0	0	75	0	0	0	0	3	0	0	0	0	0	0	0
9	0	0	0	0	0	0	0	0	74	1	5	0	0	0	0	0	0	0	0	0
10	0	0	0	0	0	0	0	0	0	79	0	0	0	0	0	0	0	0	0	0
11	0	0	0	0	0	0	0	0	4	0	76	0	0	0	0	0	0	0	0	0
12	0	0	0	0	0	0	0	0	0	0	0	80	0	0	0	0	0	0	0	0
13	0	0	0	0	0	0	0	0	0	0	0	0	80	0	0	0	0	0	0	0
14	0	0	0	0	0	0	0	0	0	0	0	0	0	80	0	0	0	0	0	0
15	0	0	0	0	6	0	0	0	0	1	0	0	0	0	73	0	0	0	0	0
16	4	0	0	0	0	0	0	0	8	0	0	0	0	6	0	62	0	0	0	0
17	0	0	0	0	0	0	0	0	45	0	0	0	0	0	0	0	35	0	0	0
18	9	0	0	1	0	0	0	0	0	0	0	0	0	0	0	0	0	63	4	3
19	0	0	0	0	0	0	0	0	0	0	0	0	0	0	0	0	0	0	80	0
20	17	0	0	0	0	0	0	0	4	0	0	0	0	4	0	0	0	0	0	55

(b) 基于差分星座轨迹图特征

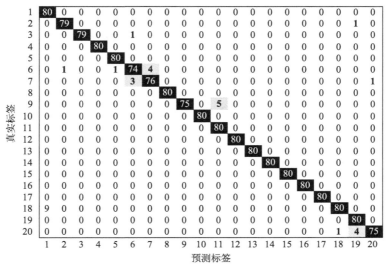

(c)基于差分等势星球图特征

图 9.24　基于不同指纹特征的通信辐射源个体识别结果

如图 9.24（c）所示，来自 20 台 WiFi 网卡设备的 1600 个测试样本的整体识别准确率达到了 98.6%。一共有 14 台 WiFi 网卡设备被完全正确识别。其中，设备#6 的识别准确率最低，但仍高达 92.5%。由图 9.24 可以看出，基于未经差分处理的等势星球图特征的通信辐射源个体识别准确率为 90.4%，基于差分星座轨迹图特征的通信辐射源个体识别准确率为 88.6%，基于本节所提出方法的识别准确率为 98.6%，说明在使用相同的深度卷积神经网络模型架构下，相较于传统的基于星座图的统计图域方法，本节提出的方法在计算效率不降低的前提下（采用 4.0GHz 双处理器的笔记本电脑时，深度卷积神经网络模型每次识别的平均计算耗时不超过 20ms），可以显著提高识别准确率。

本章提出了一种基于差分等势星球图的物联网物理层认证方法。通过对 20 台同厂家、同型号、同批次的 WiFi 网卡设备进行识别认证测试，可以得出以下一些有意义的结论。

（1）从稳态信号的传输数据段中提取的差分等势星球图可以作为发射机射频指纹的精细画像。

（2）与等势星球图相比，差分等势星球图作为射频指纹具有更好的鲁棒性。即使不估计和补偿接收机的载频偏差和相位偏差，也可以获得通信辐射源（发射机）的可靠射频指纹。

（3）通过差分等势星球图，基于深度卷积神经网络的射频指纹识别方案，可以实现室内视距场景下物联网设备的可靠识别和认证。

在未来的工作中，可以进一步针对更多同厂家、同型号、同批次的 WiFi 网卡设备，在视距场景与非视距场景的混合场景下进行实验测试研究，以进一步测试所提出方法的适用性与鲁棒性。此外，还可以进一步改进优化深度卷积神经网络结构。

参 考 文 献

[1]　Li J C，Ying Y L. Differential contour stellar-based radio frequency fingerprint identification for internet of things[J]. IEEE Access，2021，（9）：53745-53753.

[2]　蒋红亮，王申华，赵凯美，等. 基于差分等势星球图的通信辐射源个体识别方法[J]. 济南大学学报（自然科学版），2021，35（5）：433-439.

[3]　彭林宁，胡爱群，朱长明，等. 基于星座轨迹图的射频指纹提取方法[J]. 信息安全学报，2016，1（1）：50-58.

第 10 章 基于深度复数卷积神经网络的通信辐射源个体识别方法

　　由于无线通信网络的开放性，其带来的信息安全问题不断涌现，尤其是用户身份假冒、重放攻击和设备克隆等问题，这使得对无线电信号有效识别的需求日益凸显。从目前射频指纹识别的研究现状来看，提取具有独特原生属性的射频指纹仍然是一件极具挑战性的任务，提取的射频指纹仍然受大量因素的制约，在射频指纹产生机理、特征提取和特征选择方面，以及在射频指纹的鲁棒性和抗信道环境干扰等方面，还有大量问题有待研究。深度学习方法给射频指纹识别提供了新的思路和技术。然而目前，许多应用于通信领域的深度学习模型都是基于通用模型设计的，如卷积神经网络通常用于图像分类问题，而循环神经网络通常用于自然语言处理领域，虽然目前计算机科学领域通用的模型可以应用于通信领域，但是在实际的通信工程项目中，建立适用于通信场景的通用模型不仅有利于优化通信系统，而且可以降低模型选择的成本，因此，在基于深度学习的通信框架下，如何设计适用于无线通信的深度学习模型也是研究者要面对的重要问题。为阻止用户身份假冒、重放攻击和设备克隆等问题的发生，准确地识别和认证物联对象，针对现有方法存在的不足，面向基于深度学习的通信框架，本章开展了基于深度复数卷积神经网络的物联网无线通信设备身份识别技术研究，以提高识别准确率和可靠性。

10.1　基于复数卷积神经网络的通信辐射源个体识别

　　电磁信号因为发射机缺陷而受到影响，这些对信号产生损伤的因素有载频偏移、功率放大器非线性、正交调制器不平衡和直流偏移等因素，这些发射机的缺陷对信号产生的影响也会表现在信号的调制域上，这为在调制域构建发射机的射频指纹提供了可能。正交调制的方式在目前通信信号中得到广泛应用，几乎所有的数字通信都会采用，目前利用的调制域特征有载频偏移、调制偏移、I/Q 偏移、星座轨迹图、差分星座轨迹图等特征及其组合。调制域方法以 I/Q 信号样本为基本处理单元，利用了调制方案强制赋予的信号结构，这使得识别信号发射机的特定属性更加容易。本章将研究基于复数波形域的电磁信号识别方法。与实数神经网络相比，复数神经网络更容易进行优化和泛化，具有更好的学习潜力。

对于复数卷积，考虑一个典型的实数 2D 卷积层，它有 N 个特征图，使得 N 可以被 2 整除。为了将这些表示为复数，我们分配前 $N/2$ 个特征图来表示实部特征图，其余 $N/2$ 来表示虚部特征图。因此，对于连接 N_{in} 个输入特征图和 N_{out} 个输出特征图且核大小为 $m \times m$ 的四维权重张量 W，我们将有一个大小为 （$N_{out} \times N_{in} \times m \times m$）/2 个复数权重的权重张量。

为了在复数域中执行复数卷积等效于执行传统实数二维卷积，我们通过复数向量 $h = x + iy$ 对复数核矩阵 $W = A + iB$ 进行卷积，其中，A 和 B 是实数矩阵，x 和 y 是实数向量。

$$W * h = (A * x - B * y) + i(B * x + A * y) \tag{10.1}$$

如果使用矩阵表示法来表示复数卷积运算的实部和虚部，因此有

$$\begin{bmatrix} \mathscr{R}(W*h) \\ \mathscr{I}(W*h) \end{bmatrix} = \begin{bmatrix} A & -B \\ B & A \end{bmatrix} * \begin{bmatrix} x \\ y \end{bmatrix} \tag{10.2}$$

复数卷积算子的示意图如图 10.1 所示。

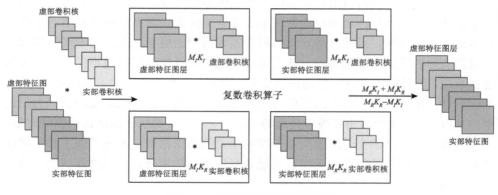

图 10.1　复数卷积算子的示意图

复数网络相对于实数网络的最大优势是可以充分提取射频基带信号的同相分量和正交分量之间的关联信息，即可以充分提取发射机射频指纹的非线性特征。

10.2　基于差分深度复数卷积神经网络的通信辐射源个体识别方法

针对现有深度复数神经网络对通信辐射源个体（特别是同厂家、同型号、同批次的无线设备）识别准确率低的问题，本节提出了一种基于差分深度复数卷积神经网络的通信辐射源个体识别方法，以加快网络模型的训练收敛时间，提高识别准确率。本节的主要研究内容如下[1]。

（1）利用稳态信号的传输数据段，提出一种基于差分深度复数卷积神经网络的射频指纹提取与识别方法，可以充分捕捉射频基带 I/Q 信号的非线性特征。

（2）与典型的基于调制信号统计图域的方法相比，所提出的方法可以有效减少采集到的有效数据传输段所需的数据长度，且无须将 I/Q 信号转换成二维图像。

（3）以同厂家、同型号、同批次的 20 台 WiFi 网卡设备的实测信号为基础，相比于另外 2 种典型方法，验证了本节方法的有效性和可靠性。

10.2.1　算法实现基本步骤

本节提出的基于差分深度复数卷积神经网络的通信辐射源个体识别方法，其特征在于，首先通过接收机对通信辐射源个体的射频基带信号进行采集，采集 I/Q 两路信号；再对每一段 I/Q 两路信号进行差分处理，形成新的 I/Q 两路信号片段，经过归一化处理后作为发射机的射频指纹；最后利用差分深度复数卷积神经网络对发射机的射频指纹进行识别，可实现对通信辐射源的调制识别、个体识别，以及物联网设备物理层认证等。通过本节的方法，即使不对接收机的载波频率偏差和相位偏差进行估计和补偿，也可以获取稳定的通信辐射源个体（发射机）射频指纹，使用相同的深度复数卷积神经网络模型架构下，可以有效缩短深度复数卷积神经网络的训练收敛时间，提高识别准确率。本节所采用的技术方案如图 10.2 所示。

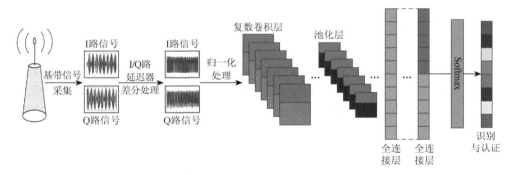

图 10.2　本节所采用的技术方案

上述基于差分处理的新的 I/Q 两路信号获取方法，其特征在于，接收机采集的射频基带信号可以是稳态信号，也可以是暂态信号。若采用稳态信号，则差分深度复数卷积神经网络训练与识别过程都用稳态信号片段；若采用暂态信号，则差分深度复数卷积神经网络训练与识别过程都用暂态信号片段，并且差分深度复数卷积神经网络训练与识别时所用的信号片段长度需要统一。

另外，上述的差分深度复数卷积神经网络的识别方法，其特征在于，利用深度复数卷积神经网络对提取的差分处理后新的 I/Q 两路信号片段进行训练与分类识别。

通信辐射源（发射机）发射的射频信号：

$$S(t) = X(t)\mathrm{e}^{-\mathrm{j}2\pi f_t t}$$

式中，$X(t)$ 为发射机基带信号；f_t 为发射机载波频率。

假设发射机的射频电路是理想的，信道也是理想的，接收机接收到的信号 $R(t) = S(t)$。

接收机将信号进行下变频得到基带信号：

$$Y(t) = R(t)\mathrm{e}^{\mathrm{j}(2\pi f_r t + \varphi)}$$

式中，f_r 为接收机载波频率；φ 为接收机接收信号时的相位偏差。

当 $f_t = f_r$ 时，接收机下变频得到的基带信号为

$$Y(t) = X(t)\mathrm{e}^{\mathrm{j}(2\pi\theta t + \varphi)}$$

式中，$\theta = f_r - f_t$。

解调的信号含有残余的频率偏差 θ，导致基带信号的每一个采样点都有一个相位旋转因子 $\mathrm{e}^{\mathrm{j}(2\pi\theta t)}$。该相位旋转因子随着采样点位置 t 的不同而变化，通常导致提取的星座图特征鲁棒性和稳定性欠佳。因此，对 I/Q 两路基带信号进行差分处理，如下：

$$D(t) = Y(t) \cdot Y^*(t+n) = X(t)\mathrm{e}^{\mathrm{j}(2\pi\theta t + \varphi)} \cdot X^*(t+n)\mathrm{e}^{-\mathrm{j}(2\pi\theta(t+n)+\varphi)} = X(t) \cdot X^*(t+n)\mathrm{e}^{-\mathrm{j}2\pi\theta n}$$

（10.3）

式中，Y^* 为取共轭值；n 为差分的间隔。差分处理后的信号 $D(t)$ 尽管还是含有一个相位旋转因子 $\mathrm{e}^{-\mathrm{j}(2\pi\theta n)}$，但是该相位旋转因子是一个恒定的数值，不会随着采样点位置的变化而改变。因此经过差分处理后，即使不对接收机的载波频率偏差和相位偏差进行估计和补偿，也可以获取包含稳定的射频指纹信息的新的 I/Q 两路信号片段，作为发射机具有唯一性与稳定性的射频指纹。最后采用深度复数卷积神经网络对发射机的射频指纹进行识别，可实现对通信辐射源的调制识别、个体识别，以及物联网设备物理层认证等。

10.2.2　实验结果与分析

具体的实施方案以识别同厂家、同型号、同批次的 20 台 WiFi 网卡设备为例，如图 10.3 所示，过程如下。

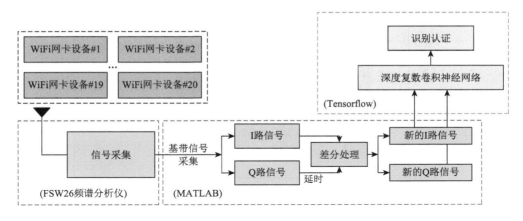

图 10.3　实验测试方案

基带信号采集设备：FSW26 频谱分析仪。

采集环境：实验室室内场景。

采集 20 台 WiFi 网卡设备，每个设备采集 50 个样本；信号采集带宽为 80MHz，每次采集 1.75ms，即每个样本 140000 点（以 I 路为例），其中除去信号噪声段的有效数据传输段为 80000 点（均为稳态信号），再对其切片（以 1000 点为新的样本）处理，总共有 80000 个样本。某一台 WiFi 网卡设备的原始样本如图 10.4 所示。

经过差分处理后，随机选择 64000 个样本用于深度复数卷积神经网络的训练，剩余的 16000 个样本用于识别测试，其中对于每个设备，训练样本为 3200 个，测试样本为 800 个。对同相信号和正交信号进行差分处理后形成新的同相信号和正交信号的示例如图 10.5 所示。

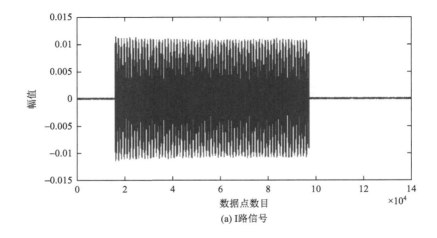

(a) I路信号

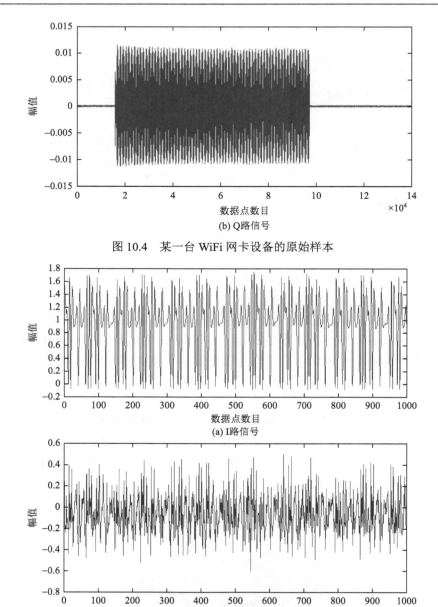

图 10.4　某一台 WiFi 网卡设备的原始样本

图 10.5　对同相信号和正交信号进行差分处理后形成新的同相信号和正交信号示例

　　为了说明本节所提出方法的有效性，与基于射频基带 I/Q 两路信号的深度复数卷积神经网络识别（图 10.6）效果进行对比，所选用的深度复数卷积神经网络结构如表 10.1 所示。

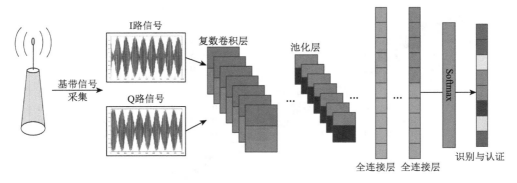

图 10.6　基于射频基带 I/Q 两路信号的深度复数卷积神经网络识别过程

表 10.1　深度复数卷积神经网络结构

网络层	参数结构
输入层	1000×2
复数卷积层 1	500×32
平均池化层 1	250×32
复数卷积层 2	125×64
平均池化层 2	62×64
复数卷积层 3	62×128
平均池化层 3	31×128
复数卷积层 4	31×128
平均池化层 4	15×128
复数卷积层 5	15×256
复数卷积层 6	15×256
平均池化层 5	7×256
全连接层 1	1792
全连接层 2	2048
输出层	20

　　分别得到基于射频基带 I/Q 两路信号的深度复数卷积神经网络的通信辐射源个体识别结果（测试结果混淆矩阵如图 10.7 所示，总体识别准确率为 94.8%）和基于本节所提的方法，在使用相同的深度复数卷积神经网络模型架构下的识别结果（测试结果混淆矩阵如图 10.8 所示，总体识别准确率为 99.7%），说明在使用相同的深度复数卷积神经网络模型架构下，本节所提出的方法可以显著提高识别准确率，论证了本节所提出的方法的有效性与可靠性。

真实标签

	1	2	3	4	5	6	7	8	9	10	11	12	13	14	15	16	17	18	19	20
1	793	6	0	0	0	0	0	0	1	0	0	0	0	0	0	0	0	0	0	0
2	2	790	0	0	7	0	0	1	0	0	0	0	0	0	0	0	0	0	0	0
3	0	0	800	0	0	0	0	0	0	0	0	0	0	0	0	0	0	0	0	0
4	0	0	0	795	0	0	0	0	0	0	0	0	5	0	0	0	0	0	0	0
5	0	1	1	0	790	0	0	0	0	0	0	2	0	0	0	0	2	4	0	0
6	0	0	0	0	0	776	0	0	0	0	0	0	0	0	0	0	24	0	0	0
7	3	2	0	0	0	0	639	59	97	0	0	0	0	0	0	0	0	0	0	0
8	0	0	0	0	0	0	13	784	0	1	0	0	0	0	1	1	0	0	0	0
9	1	0	0	0	0	0	134	1	664	0	0	0	0	0	0	0	0	0	0	0
10	0	0	0	0	0	0	0	0	0	798	0	0	0	1	1	0	0	0	0	0
11	0	0	0	0	0	0	0	0	1	0	771	0	1	2	1	3	0	0	21	0
12	0	0	0	0	0	0	0	0	0	0	0	799	0	0	0	0	0	1	0	0
13	0	0	0	1	0	0	0	0	0	0	1	0	770	0	2	0	8	0	12	6
14	0	0	0	0	0	0	0	15	7	0	8	0	0	714	34	4	0	0	18	0
15	0	0	0	0	0	0	0	0	4	0	0	3	21	0	749	0	1	20	2	0
16	0	0	0	0	0	0	0	0	0	0	15	0	0	0	0	785	0	0	0	0
17	0	0	0	0	1	4	0	0	0	0	0	22	0	0	0	0	759	6	8	0
18	0	0	0	0	0	0	0	0	0	0	0	4	2	0	1	0	9	784	0	0
19	0	0	0	0	0	0	0	0	0	0	14	0	11	18	2	0	0	0	724	31
20	0	0	0	0	0	0	0	0	0	0	0	0	1	0	0	0	0	0	115	684

预测标签

图 10.7　基于深度复数卷积神经网络的通信辐射源个体识别结果

从图 10.7 可以看出，虽然只有 WiFi 网卡设备#3 被完全正确识别，但对来自 20 台 WiFi 网卡设备的共计 16000 个测试样本的总体识别准确率为 94.8%。其中识

真实标签

	1	2	3	4	5	6	7	8	9	10	11	12	13	14	15	16	17	18	19	20
1	800	0	0	0	0	0	0	0	0	0	0	0	0	0	0	0	0	0	0	0
2	0	800	0	0	0	0	0	0	0	0	0	0	0	0	0	0	0	0	0	0
3	0	0	800	0	0	0	0	0	0	0	0	0	0	0	0	0	0	0	0	0
4	1	0	0	798	0	0	0	0	0	0	0	0	0	0	0	0	0	1	0	0
5	2	0	0	0	797	0	0	0	0	0	0	1	0	0	0	0	0	0	0	0
6	0	0	0	0	0	800	0	0	0	0	0	0	0	0	0	0	0	0	0	0
7	0	0	0	0	0	0	795	0	5	0	0	0	0	0	0	0	0	0	0	0
8	0	0	0	0	0	0	4	795	0	0	0	0	0	0	0	0	1	0	0	0
9	0	0	0	0	0	0	17	0	783	0	0	0	0	0	0	0	0	0	0	0
10	0	0	0	0	0	0	0	1	0	797	0	0	1	1	0	0	0	0	0	0
11	0	0	0	0	0	0	0	0	0	0	800	0	0	0	0	0	0	0	0	0
12	0	0	0	0	2	0	0	0	0	0	0	798	0	0	0	0	0	0	0	0
13	0	0	0	1	0	0	0	0	0	0	0	0	799	0	0	0	0	0	0	0
14	0	0	0	0	0	0	0	0	5	2	0	0	0	791	2	0	0	0	0	0
15	0	0	0	0	0	0	0	0	0	0	0	0	0	0	799	0	1	0	0	0
16	0	0	0	0	0	0	0	0	0	0	0	0	0	0	0	800	0	0	0	0
17	0	0	0	0	0	0	0	0	0	0	0	0	0	0	0	0	799	1	0	0
18	0	0	0	0	0	0	0	0	0	0	0	0	0	0	0	0	0	800	0	0
19	0	0	0	0	0	0	0	0	0	0	0	0	0	0	0	0	0	0	800	0
20	0	0	0	0	0	0	0	0	0	0	0	0	0	0	0	0	0	0	1	799

预测标签

图 10.8　基于本节所提出方法的识别结果

别率低于 87.5%的设备有 3 台，分别是设备#7、设备#9 和设备#20，其中设备#7 的识别准确率最低，只有 79.9%。

三种方法的识别结果更详细的比较如表 10.2 所示。

表 10.2　三种方法识别结果详细比较

设备标签	识别结果		
	方法 1	方法 2	方法 3
设备#1	95%	99.1%	100%
设备#2	100%	98.8%	100%
设备#3	97.5%	100%	100%
设备#4	98.8%	99.4%	99.8%
设备#5	61.3%	98.8%	99.6%
设备#6	71.3%	97%	100%
设备#7	88.8%	79.9%	99.4%
设备#8	100%	98%	99.4%
设备#9	85%	83%	97.9%
设备#10	95%	99.8%	99.6%
设备#11	100%	96.4%	100%
设备#12	100%	99.9%	99.8%
设备#13	100%	96.3%	99.9%
设备#14	100%	89.3%	98.9%
设备#15	95%	93.6%	99.9%
设备#16	81.3%	98.1%	100%
设备#17	92.5%	94.9%	99.9%
设备#18	57.5%	98%	100%
设备#19	97.5%	90.5%	100%
设备#20	92.5%	85.5%	99.9%
总体	90.4%	94.8%	99.7%

注：方法 1 是基于 9.2 节所述的等势星球图的射频指纹识别方法；方法 2 是基于深度复数卷积神经网络的射频指纹识别方法；方法 3 是本节所述的基于差分深度复数卷积神经网络的射频指纹识别方法。

从图 10.8 和表 10.2 可以看出，通过本节所提的方法，20 台 WiFi 网卡设备共 16000 个测试样本的整体识别准确率可以达到 99.7%。一共 8 台设备被完全正确识别，设备#6 的识别准确率最低，仍高达 97.9%。由于差分处理可以有效降低相位旋转的负面影响，并且深度复数卷积神经网络可以充分学习新的 I/Q 信号的幅度和相位信息，与其他两种典型的方法相比，该方法具有更好的识别性能。

本节提出了一种基于差分深度复数卷积神经网络的物联网射频指纹识别方法。通过对同厂家、同型号、同批次的 20 台 WiFi 网卡设备的识别测试，可以得出以下一些有意义的结论。

（1）深度复数卷积神经网络在提取射频指纹特征方面具有巨大潜力，比基于调制信号统计图域的射频指纹特征更具鲁棒性与唯一性。

（2）差分处理可以有效降低由载波频偏和多普勒效应引起的相位旋转的负面影响，与其他两种典型方法相比，该方法具有最佳的识别性能。

（3）与基于调制信号统计图域的方法相比，该方法可以有效地减少采集到的稳态有效数据传输段所需的信号长度。

在未来的工作中，可以尝试进一步优化深度复数卷积神经网络的结构。

10.3　基于深度复数残差网络的通信辐射源个体识别方法

从目前射频指纹识别的研究现状来看，提取具有独特原生属性的射频指纹仍然是一件极具挑战性的任务，提取的射频指纹仍然受大量因素的制约，在射频指纹产生机理、特征提取和特征选择方面，以及在射频指纹的鲁棒性和抗信道环境干扰等方面，还有大量问题有待研究。本节针对深度复数卷积神经网络的结构优化问题，提出了一种基于深度复数残差网络的通信辐射源个体识别方法，通过深度复数残差网络将通信辐射源个体的射频指纹特征提取与识别过程融合，建立适用于无线通信的深度学习模型，显著提高通信辐射源个体识别准确率。本节提出的基于深度复数残差网络的射频指纹识别方法，是一种适用于无线通信的端到端深度学习模型。

10.3.1　算法实现基本步骤

本节提出的基于深度复数残差网络的通信辐射源个体识别方法，其特征在于，首先通过接收机对通信辐射源个体的射频基带信号进行采集，采集 I/Q 两路信号，即可作为发射机的射频指纹；然后输入深度复数残差网络对发射机的射频指纹进行识别，可实现对通信辐射源的调制识别、个体识别，以及物联网设备物理层认证等。通过本节的方法，即使不对接收机的载波频率偏差和相位偏差进行估计和补偿，利用采集的较短稳态射频基带信号就可以实现高准确率的通信辐射源个体识别准确率。本节所采用的技术方案如图 10.9 所示。

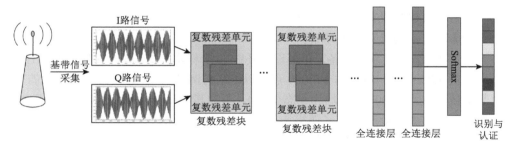

图 10.9　本节所采用的技术方案[2]

对通信辐射源个体的射频基带信号进行采集时，接收机采集的射频基带信号可以是稳态信号，也可以是暂态信号。若采用稳态信号，则深度复数残差网络训练与识别过程都用稳态信号片段；若采用暂态信号，则深度复数残差网络训练与识别过程都用暂态信号片段，并且深度复数残差网络训练与识别时所用的信号片段长度需要统一。

另外，上述的深度复数残差网络的识别方法，其特征在于，利用深度复数残差网络对 I/Q 两路信号片段进行训练与分类识别。整个深度复数残差网络的内部结构由多个复数残差块（complex-valued residual stack）与全连接层（FC/ReLU、FC/Softmax）组成，而每个复数残差块又由多个复数残差单元（complex-valued residual unit）组成。此外，本节利用残差学习解决了深度复数卷积神经网络模型训练难的问题。

10.3.2　实验结果与分析

具体的实施方案以识别同厂家、同型号、同批次的 20 台 WiFi 网卡设备为例，如图 10.10 所示，过程如下。

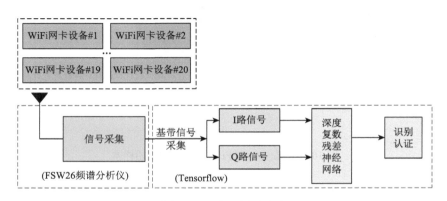

图 10.10　实验测试方案

基带信号采集设备：FSW26 频谱分析仪。

采集环境：实验室室内场景。

采集 20 台 WiFi 网卡设备，每台设备采集 50 个样本；信号采集带宽为 80MHz，每次采集 1.75ms，即每样本 140000 点（以 I 路为例）。其中除去信号噪声段的有效数据传输段为 80000 点（均为稳态信号），再对其切片（以 1000 点为新的样本）处理，总共有 80000 个样本（随机选择 64000 个样本用于差分深度复数神经网络的训练，剩余的 16000 个样本用于识别测试，其中对于每个无线设备，训练样本为 3200 个，测试样本为 800 个）。

某一台 WiFi 网卡设备的原始样本如图 10.11 所示。

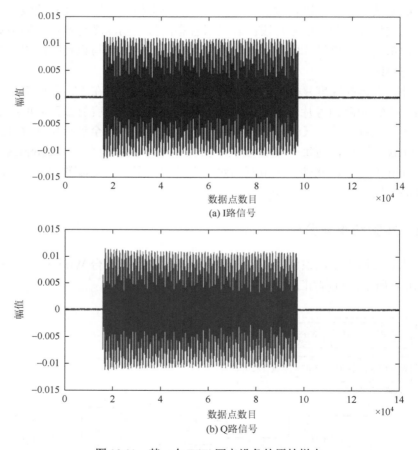

(a) I路信号

(b) Q路信号

图 10.11　某一台 WiFi 网卡设备的原始样本

经过切片（以 1000 点为新的样本）处理后，某一台 WiFi 网卡设备的一个新样本如图 10.12 所示。

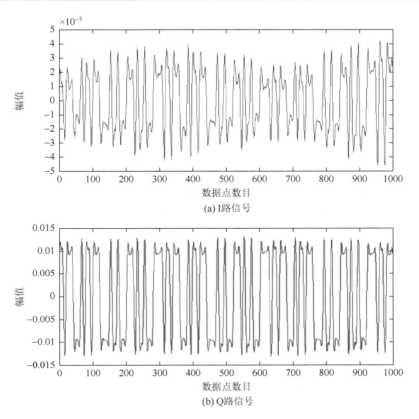

(a) I 路信号

(b) Q 路信号

图 10.12 某一台 WiFi 网卡设备的一个新样本

为了说明本节所提出方法的有效性，与另一个深度复数卷积神经网络的识别效果进行对比，所选用的深度复数卷积神经网络结构如表 10.1 所示，本节所提出方法所选用的深度复数残差网络结构如表 10.3 所示。

表 10.3　深度复数残差网络结构

网络层	参数结构
输入层	1000×2
复数残差块 1	500×32
复数残差块 2	250×32
复数残差块 3	125×32
复数残差块 4	62×32
复数残差块 5	31×32
复数残差块 6	15×32
复数残差块 7	7×32

续表

网络层	参数结构
复数残差块 8	3×32
全连接层 1	96
全连接层 2	128
全连接层 3	128
输出层	20

分别得到基于深度复数卷积神经网络的通信辐射源个体的识别结果（测试结果混淆矩阵如图 10.13 所示，识别准确率为 94.8%）和基于本节所提的方法在使用相同的训练样本与测试样本情况下的识别结果（测试结果混淆矩阵如图 10.14 所示，识别准确率为 99.56%），说明本节所提出的方法可以显著提高识别准确率，论证了本节所提出方法的有效性与可靠性。

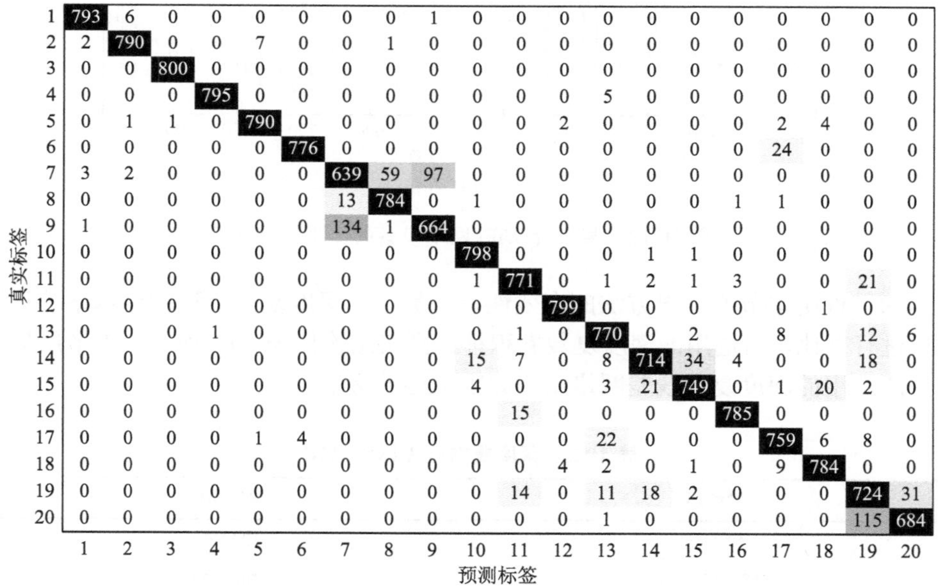

真实\预测	1	2	3	4	5	6	7	8	9	10	11	12	13	14	15	16	17	18	19	20
1	793	6	0	0	0	0	0	0	1	0	0	0	0	0	0	0	0	0	0	0
2	2	790	0	0	7	0	0	1	0	0	0	0	0	0	0	0	0	0	0	0
3	0	0	800	0	0	0	0	0	0	0	0	0	0	0	0	0	0	0	0	0
4	0	0	0	795	0	0	0	0	0	0	5	0	0	0	0	0	0	0	0	0
5	0	1	1	0	790	0	0	0	0	0	2	0	0	0	0	2	4	0	0	0
6	0	0	0	0	0	776	0	0	0	0	0	0	0	0	24	0	0	0	0	0
7	3	2	0	0	0	0	639	59	97	0	0	0	0	0	0	0	0	0	0	0
8	0	0	0	0	0	0	13	784	0	1	0	0	0	0	0	1	1	0	0	0
9	1	0	0	0	0	0	134	1	664	0	0	0	0	0	0	0	0	0	0	0
10	0	0	0	0	0	0	0	0	0	798	0	0	1	1	0	0	0	0	0	0
11	0	0	0	0	0	0	0	0	0	1	771	0	1	2	1	3	0	0	21	0
12	0	0	0	0	0	0	0	0	0	0	0	799	0	0	0	0	0	1	0	0
13	0	0	0	1	0	0	0	0	0	0	1	0	770	0	2	0	8	0	12	6
14	0	0	0	0	0	0	0	0	0	15	7	0	8	714	34	4	0	0	18	0
15	0	0	0	0	0	0	0	0	0	4	0	0	3	21	749	0	1	20	2	0
16	0	0	0	0	0	0	0	0	0	15	0	0	0	0	0	785	0	0	0	0
17	0	0	0	0	1	4	0	0	0	0	22	0	0	0	0	0	759	6	8	0
18	0	0	0	0	0	0	0	0	0	0	0	4	2	0	1	0	9	784	0	0
19	0	0	0	0	0	0	0	0	0	0	14	0	11	18	2	0	0	0	724	31
20	0	0	0	0	0	0	0	0	0	0	0	0	1	0	0	0	0	0	115	684

（纵轴：真实标签；横轴：预测标签）

图 10.13　基于深度复数卷积神经网络的通信辐射源个体的识别结果

从图 10.13 可以看出，虽然只有 WiFi 网卡设备#3 被完全正确识别，但对来自 20 台 WiFi 网卡设备的共计 16000 个测试样本的总体识别准确率为 94.8%。其中识别准确率低于 87.5% 的设备有 3 台，分别是设备#7、设备#9 和设备#20，其中设备#7 的识别准确率最低，只有 79.9%。

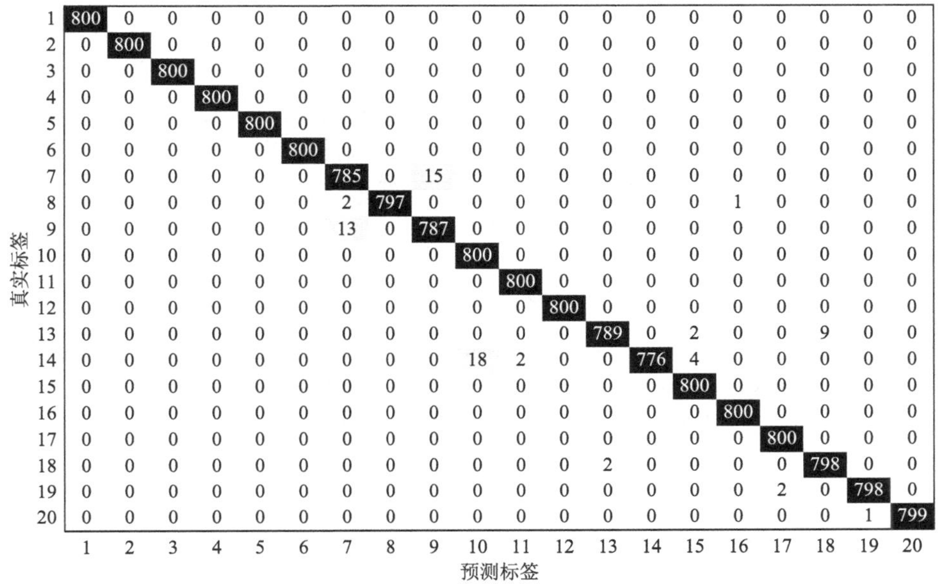

真实标签 / 预测标签:

真实\预测	1	2	3	4	5	6	7	8	9	10	11	12	13	14	15	16	17	18	19	20
1	800	0	0	0	0	0	0	0	0	0	0	0	0	0	0	0	0	0	0	0
2	0	800	0	0	0	0	0	0	0	0	0	0	0	0	0	0	0	0	0	0
3	0	0	800	0	0	0	0	0	0	0	0	0	0	0	0	0	0	0	0	0
4	0	0	0	800	0	0	0	0	0	0	0	0	0	0	0	0	0	0	0	0
5	0	0	0	0	800	0	0	0	0	0	0	0	0	0	0	0	0	0	0	0
6	0	0	0	0	0	800	0	0	0	0	0	0	0	0	0	0	0	0	0	0
7	0	0	0	0	0	0	785	0	15	0	0	0	0	0	0	0	0	0	0	0
8	0	0	0	0	0	0	2	797	0	0	0	0	0	0	0	0	1	0	0	0
9	0	0	0	0	0	0	13	0	787	0	0	0	0	0	0	0	0	0	0	0
10	0	0	0	0	0	0	0	0	0	800	0	0	0	0	0	0	0	0	0	0
11	0	0	0	0	0	0	0	0	0	0	800	0	0	0	0	0	0	0	0	0
12	0	0	0	0	0	0	0	0	0	0	0	800	0	0	0	0	0	0	0	0
13	0	0	0	0	0	0	0	0	0	0	0	0	789	0	2	0	0	9	0	0
14	0	0	0	0	0	0	0	0	18	2	0	0	776	4	0	0	0	0	0	0
15	0	0	0	0	0	0	0	0	0	0	0	0	0	0	800	0	0	0	0	0
16	0	0	0	0	0	0	0	0	0	0	0	0	0	0	0	800	0	0	0	0
17	0	0	0	0	0	0	0	0	0	0	0	0	0	0	0	0	800	0	0	0
18	0	0	0	0	0	0	0	0	0	0	0	0	2	0	0	0	0	798	0	0
19	0	0	0	0	0	0	0	0	0	0	0	0	0	0	0	0	2	0	798	0
20	0	0	0	0	0	0	0	0	0	0	0	0	0	0	0	0	0	0	1	799

图 10.14　基于本节所提出方法的识别结果

从图 10.14 可以看出，通过本节所提的方法，20 台 WiFi 网卡设备共 16000 个测试样本的整体识别成功率可以达到 99.56%。一共 12 台设备被完全正确识别，设备#14 的识别准确率最低，但仍高达 97%。

三种方法的识别结果更详细的比较如表 10.4 所示。

表 10.4　三种方法的识别性能比较

性能	方法 1	方法 2	方法 3
识别准确率	90.4%	94.8%	99.56%
每个测试样本的计算耗时	1.980s	0.89ms	13.6ms

注：方法 1 是基于 9.2 节所述的等势星球图的射频指纹识别方法；方法 2 是基于深度复数卷积神经网络的射频指纹识别方法；方法 3 是本节所提出的基于深度复数残差网络的射频指纹识别方法。

从表 10.4 可以看出，基于调制信号统计图域的方法需要先将一维信号转换成二维图像，因此需要采集的数据长度较长。然而，在将电磁信号波形数据转换成图像的过程中，不可避免地会出现信息丢失。复数网络可以通过 I/Q 融合通道有效提取电磁信号波形中的 I/Q 关联信息，从而有效提高电磁信号的识别准确率，实时性更好。并且，与其他两种典型方法相比，本节所提出的方法具有最好的识别性能。

　　通信辐射源个体的射频基带信号（I/Q 两路信号）数学本质上为复数信号，即每个信号点都是复平面上的一个包含幅值信息与相位信息的符号，通过复数卷积神经网络可以有效地学习到每一段射频基带信号（I/Q 两路信号）包含原有发射机（通信辐射源个体）物理层本质特征的射频指纹，因此可以实现通信辐射源的个体识别，本节在此基础上进一步提出了适用于无线通信的深度复数残差网络模型，显著提高了通信辐射源个体的识别准确率。

参 考 文 献

[1]　　Ying L，Li J C. Differential complex-valued convolutional neural network-based individual recognition of communication radiation sources[J]. IEEE Access，2021，（9）：132533-132540.

[2]　　Wang S H，Jiang H L，Fang X F，et al. Radio frequency fingerprint identification based on deep complex residual network[J]. IEEE Access，2020，（8）：1-8.

第 11 章 基于深度学习的大规模现实无线电信号识别研究

为阻止用户身份假冒、重放攻击和设备克隆等问题的发生，准确地识别和认证物联对象，针对现有方法存在的不足，面向基于深度学习的通信框架，本章设计了两种深度卷积神经网络模型用于大规模现实世界无线电信号识别，主要研究内容如下[1]。

（1）描述了现有射频指纹识别方法的特征和类型，结合详细的实验测试，阐述了现有基于传统机器学习的射频指纹识别技术的不足。

（2）结合详细的实验测试，阐述了现有基于深度学习的射频指纹识别技术的不足。

（3）鉴于现有方法的局限性，结合详细的大规模现实世界无线电信号识别测试，设计了两种深度卷积神经网络模型用于大规模现实世界无线电信号识别。

11.1 现有方法的问题描述

从目前 RFF 识别的研究现状来看，提取具有独特原生属性的射频指纹仍然是一项具有挑战性的任务。对于基于传统机器学习的指纹识别技术，特征提取方法对识别准确率起着至关重要的作用。常见的射频指纹特征包括熵特征（2.1 节所述）、Holde 系数特征（2.2 节所述）、多重分形维数特征（4.4 节所述）、分形盒维数特征（4.2 节和 4.3 节所述）、RF-DNA、积分双谱特征（第 6 章所述）、功率谱密度特征（第 7 章所述）等。其中，积分双谱特征和功率谱密度特征是提取稳态信号中射频指纹特征的两种相对较好的方法。为了追求更高的数据速率和频谱效率，通信系统一般采用线性调制方式，如 QPSK 和 16QAM。在多载波系统中，信号包络存在较大幅度的动态变化，因此系统应保持线性放大。非线性放大会导致带内信号失真，降低系统性能，产生带外互调产物，并对发射机载频相邻信道造成干扰。放大器非线性主要体现在信号功率谱上，因此可以通过功率谱估计方法提取能量域中的功率谱密度特征。具体的基于功率谱密度指纹特征的射频指纹识别过程如图 7.4 所示。

为防止设备克隆、重放攻击和用户身份冒充等问题的发生，准确识别和认证物联网对象，我们进行了实验测试，对 100 台同厂家、同型号、同批次的 WiFi 网卡设备进行识别，详细测试过程如下。

　　以 FSW26 频谱分析仪为接收机采集射频基带 I/Q 信号，测试环境为实验室室内场景。一共使用了 100 台 WiFi 网卡设备，每台设备采集 50 个信号样本。信号采样频率为 40MHz。方差轨迹检测截获的稳态信号段长度为 15000 个点。对于每个 WiFi 网卡设备，训练样本数随机选取为 40 个，测试样本数随机选取为 10 个，识别结果如图 11.1 所示。

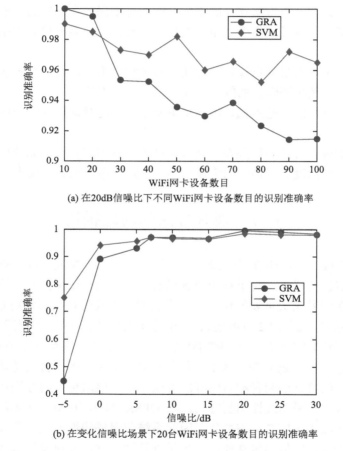

(a) 在20dB信噪比下不同WiFi网卡设备数目的识别准确率

(b) 在变化信噪比场景下20台WiFi网卡设备数目的识别准确率

图 11.1　在不同 WiFi 网卡设备数目和变化信噪比场景下的识别结果

在功率谱密度算法中，FFT 点数设置为 2048，下采样率为 2

　　如图 11.1（a）所示，在信噪比为 20dB 的情况下，随着 WiFi 网卡设备数量的

增加，基于功率谱密度特征方法的识别准确率会有所下降。并且，基于支持向量机
（SVM）分类器的识别准确率下降幅度较小，当 WiFi 网卡设备数量增加到 100 台时，
识别准确率仍大于 96%，表明该方法适用于物联网感知层终端设备较多的实验
室室内场景应用。如图 11.1（b）所示，可以得出 20 台 WiFi 网卡设备的识别准
确率在变化的信噪比场景下能保持良好的稳定性。在 5dB 的信噪比下，该方法
的识别准确率仍大于 90%。并且直到信噪比低于 0dB 时，该方法的识别准确率
才出现明显的下降，说明该方法在实验室室内场景中具有优异的抗噪性能和鲁
棒性。

　　上述测试提出了一个疑问，即上述方法是否适用于大规模的现实世界无线电
信号识别？我们继续进行实验测试，使用来自 198 架民航飞机的 ADS-B 信号进行
进一步测试。详细的实验过程将在 11.2.2 节中阐述。射频基带 I/Q 信号的采样频
率为 50MHz，采样中心频率为 1090MHz，采样带宽为 10MHz。我们为每架民航
飞机的 ADS-B 信号采集 200～600 个信号样本（样本大小不均匀），训练样本数目
与测试样本数目的比例设置为 4∶1，分别得到 11 架飞机、21 架飞机、35 架飞机、
55 架飞机、100 架飞机和 198 架飞机的识别准确率，如图 11.2～图 11.6 所示。

　　从图 11.2 中可以看出，基于功率谱密度与灰色关联分类器的 21 架民航飞机
的识别准确率为 81.94%，基于功率谱密度与支持向量机分类器的 21 架民航飞机
的识别准确率为 90.09%。

　　从图 11.3 中可以看出，基于功率谱密度与支持向量机分类器的 35 架民航飞
机的识别准确率降低为 83.35%。

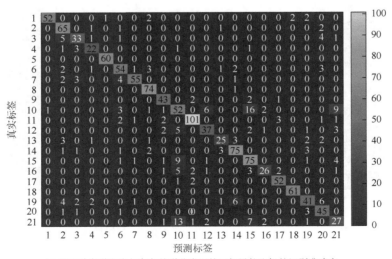

(a) 基于功率谱密度与灰色关联分类器的21架民航飞机的识别准确率

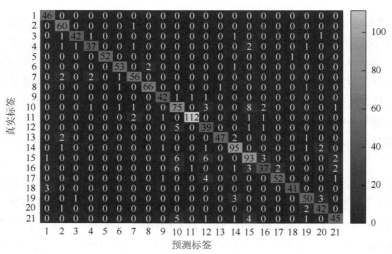

(b) 基于功率谱密度与支持向量机分类器的21架民航飞机的识别准确率

图 11.2 基于功率谱密度的 21 架民航飞机的识别准确率

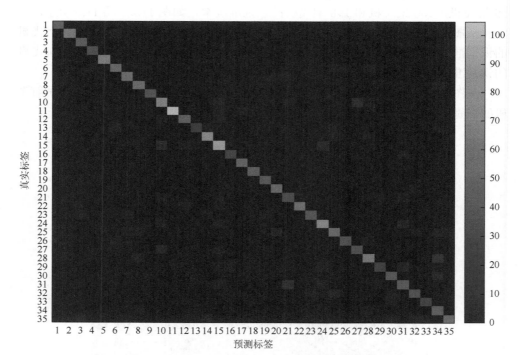

图 11.3 基于功率谱密度与支持向量机分类器的 35 架民航飞机的识别准确率

从图 11.4 中可以看出，基于功率谱密度与支持向量机分类器的 100 架民航飞机的识别准确率进一步降低为 74.23%。

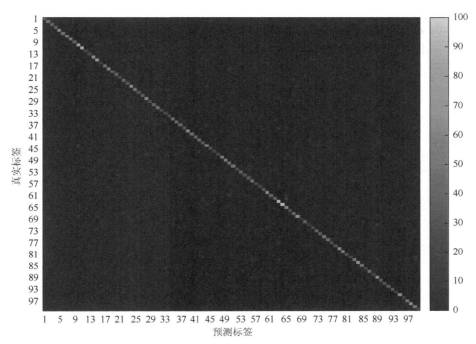

图 11.4　基于功率谱密度与支持向量机分类器的 100 架民航飞机的识别准确率

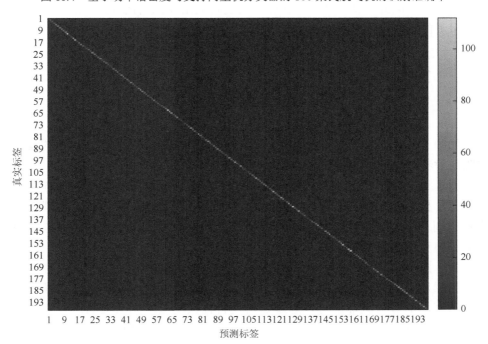

图 11.5　基于功率谱密度与支持向量机分类器的 198 架民航飞机的识别准确率

从图 11.5 中可以看出，基于功率谱密度与支持向量机分类器的 198 架民航飞机的识别准确率仅为 68.31%。

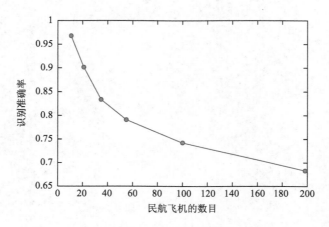

图 11.6　不同数量民航飞机的识别准确率

从图 11.2～图 11.6 可以看出，当民航飞机数量增加时，该方法的识别准确率会显著下降，因此，传统的基于机器学习的射频指纹识别技术并不适用于大规模现实世界的无线电信号识别。

11.2　基于深度卷积神经网络的大规模无线电信号识别模型

如图 11.7 所示，DAC、带通滤波器、混频器和功率放大器等中存在的发射机缺陷是射频指纹形成的物理条件。

由于正交调制已经广泛应用于通信信号中，调制域方法利用调制方案赋予的信号结构，使用射频基带 I/Q 信号作为处理单元，使发射机的特定物理特性更容易识别。调制域指纹特征包括星座轨迹图、差分星座轨迹图、等势星球图、差分等势星球图等特征。

由于接收的星座图总是受到载频偏移、随机信道噪声和多普勒效应的影响，在低信噪比下，统计特征很容易被随机信道噪声所淹没。在一定低信噪比下，基于星座图的等势星球图可以通过点密度特征恢复星座图丢失的统计特征。在实验室室内场景中，20 台相同 WiFi 网卡设备基于等势星球图方法的识别结果如图 11.8 所示。

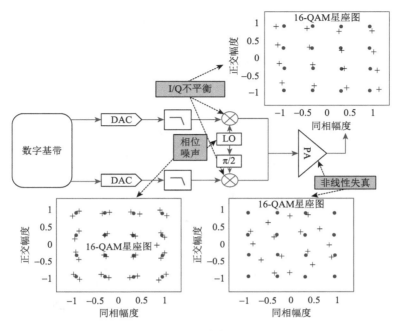

图 11.7　发射机缺陷

对于振荡器，存在频偏和相位噪声；对于调制器，存在调制误差；对于功率放大器，
存在非线性失真等；PA 表示功率放大器

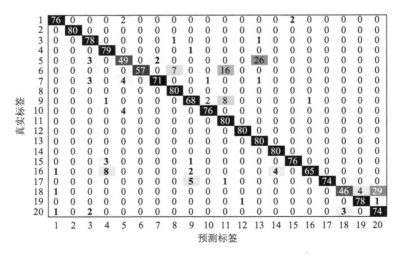

图 11.8　基于等势星球图方法的 20 台相同 WiFi 网卡设备的识别结果

从图 11.8 中可以看到，由于接收的星座图存在相位旋转（载频偏移所引起），
20 台相同的 WiFi 网卡设备的 1600 个测试样本的识别准确率仅为 90.4%，低于第

7 章中功率谱密度方法的识别准确率。引入差分等势星球图方法可以有效降低载频偏移所引起的相位旋转的负面影响。

在实验室室内场景中，20 台相同 WiFi 网卡设备基于差分等势星球图方法的识别结果如图 11.9 所示。

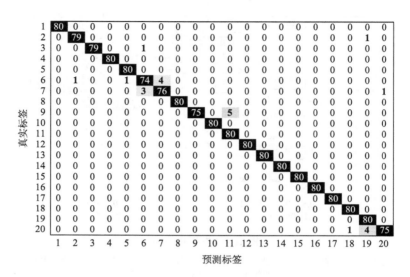

图 11.9　基于差分等势星球图方法的 20 台相同 WiFi 网卡设备的识别结果

从图 11.9 中可以看到，20 台相同 WiFi 网卡设备的 1600 个测试样本的识别准确率上升为 98.6%，但由于电磁信号波形数据在转换为图像的过程中，不可避免地存在信息损失，其识别准确率接近于第 7 章中功率谱密度方法的识别准确率。

11.2.1　算法实现基本步骤

前面描述了现有射频指纹识别方法的特征和类型，结合详细的实验测试，阐述了现有基于传统机器学习的射频指纹识别技术的不足。并结合详细的实验测试，进一步阐述了现有基于深度学习的射频指纹识别技术的不足。

面向基于深度学习的通信框架，本节提出一种基于深度卷积神经网络的大规模无线电信号识别模型，首先通过接收机对通信辐射源个体射频基带信号进行采集，采集 I/Q 两路信号，截取稳态信号片段，作为通信辐射源个体设备的射频指纹；最后利用深度卷积神经网络对通信辐射源个体设备的射频指纹进行识别，可实现对通信辐射源个体识别。该深度卷积神经网络模型结构如表 11.1 和图 11.10 所示。

表 11.1　深度卷积神经网络模型结构

网络层	维度	激活函数
输入层	$1 \times 3000 \times 2$	—
卷积层 1	$1 \times 3000 \times 96$	ReLU
BN（batch normalization）层 1	$1 \times 3000 \times 96$	—
最大池化层	$1 \times 1500 \times 96$	—
Dropout 层	$1 \times 1500 \times 96$	—
卷积层 2	$1 \times 1500 \times 128$	ReLU
BN 层 2	$1 \times 1500 \times 128$	—
平均池化层	$1 \times 750 \times 128$	—
全连接层	1×384	—
输出层	$1 \times 1 \times$ 类别数	Softmax

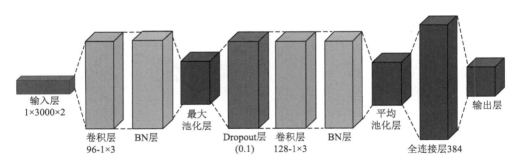

图 11.10　本节所设计的深度卷积神经网络模型结构

11.2.2　实验结果与分析

1. 实验装置介绍

安装在民航飞机上的 ADS-B 系统使用 GPS 来确定其位置，然后将其位置、身份、高度和速度等数据以微小的时间间隔通过发射机向外传输。专用的 ADS-B 地面站可以接收传输的数据，并将其转发给空中交通管制员以准确跟踪飞机。目前，民航飞机的身份认证主要是通过解调 ADS-B 信号后的信息来认证。

我们选择 ADS-B 信号作为大规模现实世界无线电信号识别的测试信号，原因如下。

（1）大规模：国际民航组织（International Civil Aviation Organization，ICAO）要求每架飞机都安装 ADS-B 系统，每架飞机应定期通过空中传输 ADS-B 信号。因此，在开放的无线电环境中，有很多来自不同飞机的 ADS-B 信号。

（2）易于打标签：ADS-B 系统遵循由 ICAO 设计的标准开放协议（ARINC 618），因此，无须人工参与即可轻松自动采集和标记 ADS-B 信号。

（3）开源：ADS-B 系统工作在 1090MHz 中心频率，是一个被动接收系统，专为开源而设计。因此，对于科学研究，每个人都可以接收和收集 ADS-B 信号，而无须担心安全和隐私问题。

ADS-B 信号的结构如图 11.11 所示。在前导中，有 8μs 的信号头，固定位置共有 4 个脉冲，可用于检测和同步 ADS-B 信号。在数据块中，有两种不同的数据格式。长数据格式为 112 位，短数据格式为 56 位。从图 11.11 可以看出，长、短数据格式的前 32 位具有相同的结构。ICAO 码同时出现在长信号和短信号中，用于识别飞机。因此，ICAO 码将用作飞机的唯一标识来给数据集中的信号打标签。软件定义无线电（software definition radio，SDR）设备用于检测和捕获 ADS-B 信号的基带 I/Q 数据，并使用自动解码算法获取飞机的个体身份（ID）。然后，使用自动聚类和打标签算法将基带 I/Q 数据标记为相应的飞机 ID。这样，在一段时间内连续采集 ADS-B 信号后，将获得一个数据集，如图 11.12 所示。

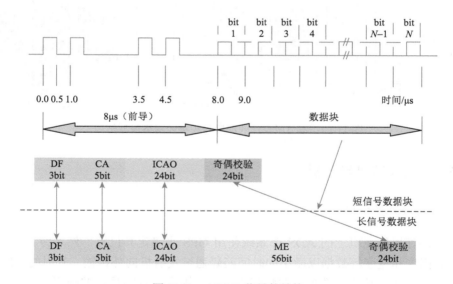

图 11.11　ADS-B 信号的结构

具体的实施方案以识别 198 架民航客机为例，本节所采用的技术方案如图 11.13 所示，过程如下。

以 Signal Hound 公司生产的 SM200B 实时频谱分析仪为接收机采集射频基带 I/Q 信号，测试环境为现实室外环境，实验装置见图 11.14。

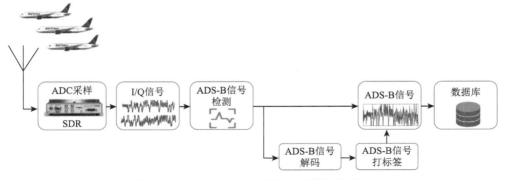

图 11.12　ADS-B 信号的采集和数据集的形成

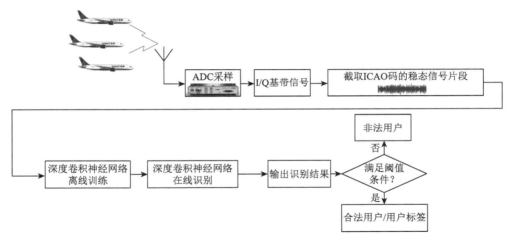

图 11.13　本节所提出的技术方案（一）

图 11.14　ADS-B 信号采集环境及实验装置

采集 198 架民航客机的 ADS-B 信号，I/Q 基带信号 ADC 采样率为 50MHz，采样中心频率为 1090MHz，采样带宽为 10MHz，标注类型为 ICAO 码。每架民航飞机的 ADS-B 信号采集 200～600 个信号样本（样本大小不均匀），训练样本数目与测试样本数目的比例设置为 4∶1。每个信号样本包含 3000 个数据点，其中来自四架不同飞机的四个 ADS-B 信号如图 11.15 所示。

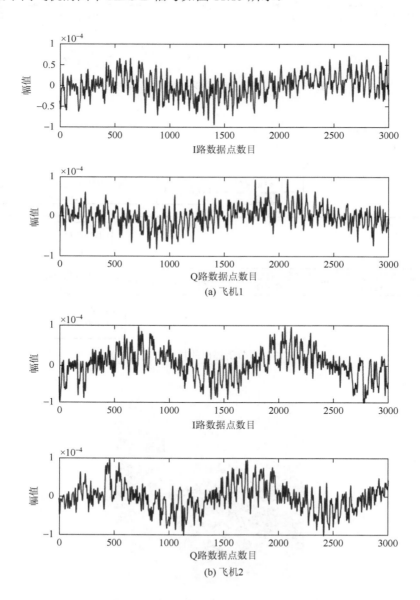

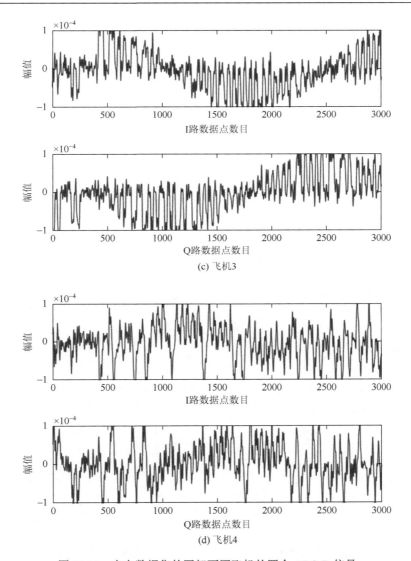

图 11.15　来自数据集的四架不同飞机的四个 ADS-B 信号

2. 应用与分析

发射机射频基带 I/Q 信号本质上是一个复数信号。通过设计的深度卷积神经网络模型，可以有效地学习每个射频基带 I/Q 信号的射频指纹，其包含发射机物理层的基本属性（即幅度信息和相位信息），从而实现对发射机的准确识别。

深度卷积神经网络模型的训练收敛曲线如图 11.16 所示，198 架飞机的识别结果如图 11.17 所示。

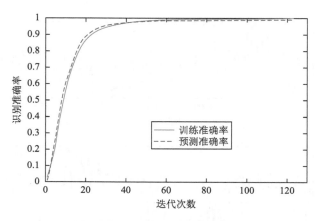

图 11.16 深度卷积神经网络模型的训练收敛曲线

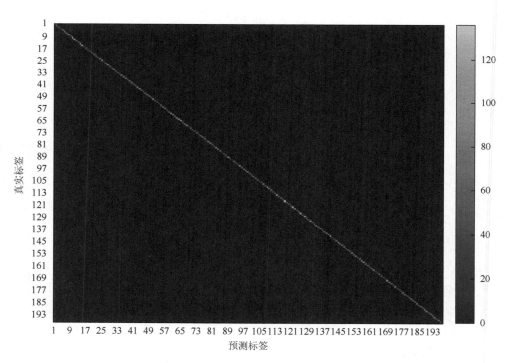

图 11.17 深度卷积神经网络模型对 198 架飞机的识别结果（混淆矩阵）

从图 11.16 和图 11.17 可以看出，大约经过 80 次训练迭代，训练曲线基本收敛，最终训练准确率为 99.73%，预测准确率为 99.07%。为了说明本节所提出方法的有效性，与基于功率谱密度特征提取与支持向量机分类器的识别方法的识别效果进行对比，最终得到基于本节所提出方法的识别准确率为 99.07%（混淆矩阵如图 11.17 所示），而基于功率谱密度特征提取与支持向量机分类器的识别方法的识别准确率仅为 68.31%（混淆矩阵如图 11.5 所示），论证了本节所提出的方法的有效性与可靠性。

11.3　基于深度复数卷积神经网络的大规模无线电信号识别模型

通信辐射源个体的射频基带信号（I/Q 两路信号）数学本质上为复数信号，即每个信号点都是复平面上的一个包含幅值信息与相位信息的符号，通过复数卷积神经网络可以有效地学习到每一段射频基带信号（I/Q 两路信号）包含原有发射机（通信辐射源个体）物理层本质特征的射频指纹，因此可以实现通信辐射源的个体识别（即复数网络可以通过 I/Q 融合通道有效提取电磁信号波形中的 I/Q 关联信息，从而有效地提升了电磁信号的识别准确性），本节在此基础上进一步提出适用于大规模现实世界无线电信号识别的深度复数卷积神经网络模型，以提高通信辐射源个体识别的准确率。

11.3.1　算法实现基本步骤

本节提出一种基于深度复数卷积神经网络的大规模现实无线电信号识别模型，其特征在于，首先通过接收机对通信辐射源个体射频基带信号进行采集，采集 I/Q 两路信号，截取稳态信号片段，作为通信辐射源个体设备的射频指纹；最后利用深度复数卷积神经网络对通信辐射源个体设备的射频指纹进行识别，可实现对通信辐射源个体识别。该深度复数卷积神经网络模型结构如图 11.18 和表 11.2 所示。

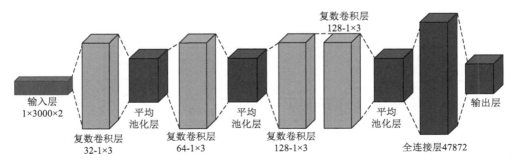

图 11.18　基于深度复数卷积神经网络的大规模现实世界无线电信号识别模型

表 11.2　深度复数卷积神经网络模型结构

网络层	参数结构
输入层	(3000，2)
复数卷积层 1	(1500，64)
平均池化层 1	(750，64)
复数卷积层 2	(750，128)
平均池化层 2	(375，128)
复数卷积层 3	(375，256)
复数卷积层 4	(375，256)
平均池化层 3	(187，256)
全连接层	(47872)
输出层	(类别数)

11.3.2　实验结果与分析

　　具体的实施方案以识别 198 架民航客机为例，本节所采用的技术方案如图 11.19 所示，实验装置如 11.2.2 节所述。采集 198 架民航客机的 ADS-B 信号，I/Q 基带信号 ADC 采样率为 50MHz，采样中心频率为 1090MHz，采样带宽为 10MHz，标注类型为 ICAO 码。每架民航飞机的 ADS-B 信号采集 200～600 个信号样本（样本大小不均匀），训练样本数目与测试样本数目的比例设置为 4：1。每个信号样本包含 3000 个数据点。

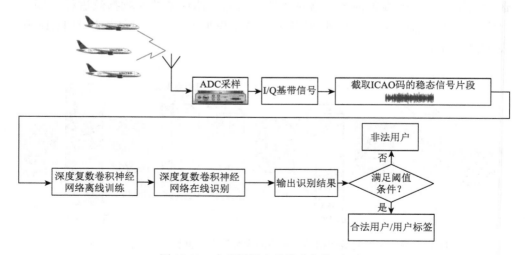

图 11.19　本节所提出的技术方案（二）

深度复数卷积神经网络模型的训练收敛曲线如图 11.20 所示，198 架飞机的识别结果如图 11.21 所示。

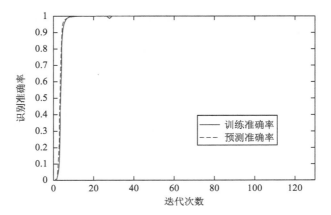

图 11.20　深度复数卷积神经网络模型的训练收敛曲线

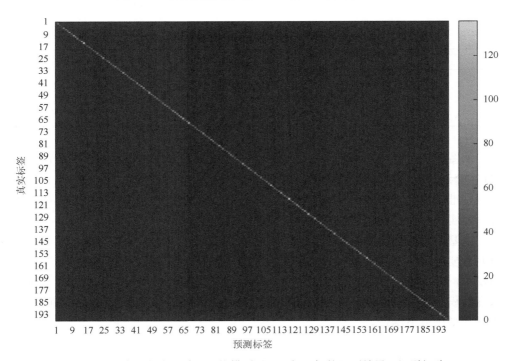

图 11.21　深度复数卷积神经网络模型对 198 架飞机的识别结果（混淆矩阵）

从图 11.20 和图 11.21 可以看出，大约只需 10 次训练迭代，训练曲线基本收敛，最终训练准确率为 100%，预测准确率为 99.95%。

　　这三种方法的识别结果对比可以进一步参见图 11.22 和表 11.3。

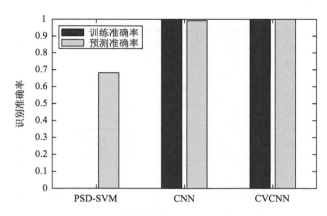

图 11.22　这三种方法的识别结果比较

PSD-SVM 为基于功率谱密度与支持向量机分类器的射频指纹识别方法；CNN 为 11.2 节所提出的基于深度
卷积神经网络的方法；CVCNN 为本节所提出的基于深度复数卷积神经网络的方法

表 11.3　这三种方法的识别结果比较

方法	识别准确率
PSD-SVM	68.31%
CNN	99.07%
CVCNN	99.95%

　　从图 11.22 和表 11.3 还可以看出，由于深度复数卷积神经网络模型可以通过 I/Q 融合通道有效地学习到射频基带 I/Q 信号中的 I/Q 关联信息，有效提高了模型的识别准确率和训练收敛速度。因此，所设计的深度复数卷积神经网络模型在大规模现实世界无线电信号识别中具有更大的应用潜力。

　　在基于深度学习的通信框架下，如何设计适用于无线通信的深度学习模型是研究者要面对的重要问题。为了防止设备克隆、重放攻击和用户身份冒充等问题的发生，准确识别和认证物联网对象，鉴于现有方法的局限性，本章设计了两种深度卷积神经网络模型，用于大规模现实世界无线电信号识别。通过详细的实验测试，得出以下结论。

　　（1）基于功率谱密度与支持向量机分类器的射频指纹识别方法适用于物联网感知层终端设备数目较多的室内场景处理。

　　（2）由于在将射频基带 I/Q 信号转换为图像的过程中不可避免地存在信息丢失，基于调制信号统计图域深度学习方法的识别准确率只能接近或低于上述功率谱密度方法。

（3）所开发的两种深度卷积神经网络模型对 198 架民航飞机的识别准确率均达到 99%，并且所设计的深度复数卷积神经网络模型在大规模现实世界无线电信号识别中具有更大的应用潜力。

在未来的工作中，可以针对更多大规模现实世界无线电信号识别场景，进一步优化深度复数卷积神经网络模型的结构。

参 考 文 献

[1]　李靖超，应雨龙. 基于深度卷积神经网络的大规模无线电信号识别方法：中国，CN202110677691.9[P]. 2021.